君を幸せにする会社

讓人幸福的旅店

走出工作困境的心法

天野敦之 著　張欣綺 譯

選擇你愛的工作，並做最好的自己！

104人力銀行行銷總監　邱文仁

最近我帶了七十幾歲的父母，及他們的長青族朋友們一起去花蓮旅行。行程安排的剛剛好，老人家們玩得挺開心的！特別是在海洋公園，由該園的「海王子」瑞敏，幫大家介紹水族館的生態。瑞敏生動又專業的介紹了珍貴的魚類及海洋生態，不僅讓我們一行人感到此行趣味橫生，還大大豐富了我們的知識！連跑遍大江南北、見多視廣的張伯伯都讚賞不已，八十歲的他，直呼：「來這裡眞的太值得了！」

身爲人力業者的我，對「人才」特別好奇！經我側面打聽，才知道「海王子」瑞敏就是海洋公園的王牌導覽人員，工科畢業的他，在遠雄海洋公園已經有八年的導覽員工作經驗！幾年前，公司看他表現優良，曾想把他晉升管理職，但瑞敏堅持不肯。原住民血統的他秉持著愛生態、愛土地的心，把「生態導覽」當成此生最重要之工作並完美呈現！據我所知，他不僅在海洋公園全職工作，閒暇時，還到太魯閣國家公園當導覽志工。所以，他很愛「生態導覽」這份工作，並願意全心全意的投入，是很明顯的事實！因爲他的「工作美」打動了我們一行人，於是老人家們紛紛打聽，想幫他介紹對象。（可惜他已經結婚有小孩啦！）

晚上我們一行人，到了花蓮知名的「銘師父創意料理」。如果不是有人介紹，很難相信在花蓮竟然隱身了一位國寶級的主廚！銘師父以「藝術感」經營每一份料理！當晚食物不僅精緻可口，搭配的器皿更美。幸好我有帶相機作紀錄，不管我從前拍、後拍，每一道菜都像是一幅畫！銘師父每一份台灣料理，都是一件藝術傑作！

我問銘師父，這是在花蓮呢，有必要這麼講究嗎？

銘師父告訴我：「我把做菜當成藝術創作，畫家需要嘗試不同的顏料，廚師當然也要挖掘新的食材及器皿，搭配口感及視覺，才能做出令人驚艷的料理。」從他靦腆的笑容，我看到了一位廚師有著藝術家的熱情及執著，以及他在本身的料理創作工作中，所得到的滿足！從銘師父身上，我又再一次看到「工作美」的意義！

這次一行人下榻遠來飯店。老人家們都發現，無論是海洋公園或遠來飯店，服務人員的笑容每個都很甜！這種無聲的語言，讓遊客有賓至如歸的感受！他們的客服主管「阿六」，告訴我：如果客人排隊久等了，他會自己出來耍寶，逗客人開心，讓氣氛好一點！而且，客服主管平日對部屬也要很好，因爲服務業最重要的是「眞誠的笑容」！所以，在管理員工時雖然要教，但不能給部屬情緒的壓力。

阿六說：我帶的人都是第一線的服務人員，想辦法讓他們眞誠的笑，很重要！

才短短兩天，我竟然在花蓮這個地方，不斷的感到「工作美」的具體實踐！我想，不管是導覽員、廚師、第一線的客服主管和人員，他們可以把工作做好，讓自己快樂，也讓旁邊的人快樂的原因，就是「**選擇心中所愛的工作**」，並且在工作中，「**做最好的自己！**」

現在大部分的人把工作的目的物質化，這樣即使非常努力，工作者也沒辦法從勞苦中得到應有的快樂！我認爲，唯有選擇自己認同的工作，心懷感謝與愛來面對工作，才能使自己幸福、同時也使身邊的人幸福。從《讓人幸福的旅店——走出工作困境的心法》一書，作者超越標榜功利主義的現代社會，提出了未來發展的「企業的新形態」，這是一種能讓人快樂的工作型態，值得您參考！那就請您從本書主人翁——「熊太郎」的角度來閱讀本書，相信會對於懷抱追求工作幸福的您有所助益！

前言

「今天也是快樂的一天！」

公司業績蒸蒸日上，每天面對著可愛的員工與客人的熊太郎用心品嘗這濃濃的幸福滋味。

三年前，熊太郎從病逝的父親手中接管這間位於某溫泉街的度假旅館——熊之湯度假溫泉旅館，成爲行政總裁兼社長職務的熊太郎從此肩負五十名員工的生計。

剛開始，熊太郎沉浸在社長光環的虛榮裡，每天過得快樂自在。

直到熊之湯度假旅館接連幾年的營收都呈現赤字、面臨瀕臨倒閉的困境。旅館的來客數不斷減少、員工因不同的理由請辭離開、留下來的員工士氣一洩千里、旅館的氛圍降至冰點、毫無生氣。

熊太郎用盡各種方式想脫離營運困境，結果反而帶來更多的災難。熊太郎也因此陷入痛苦的深淵，不明白自己是爲了什麼理由而工作。

最終，熊太郎因爲某些事而啓發了對「眞理」的領悟，不但改善了熊之湯度假旅館的業績，也爲自己找到了眞正的工作目的。

熊太郎所發覺的眞理到底是什麼呢？……

目次

推薦序：選擇你愛的工作，並做最好的自己！……003
前言……007
第一章：苦惱……011
第二章：發覺……049
第三章：變化的胎動……079
第四章：眞正重要的事……129
第五章：生意的眞諦……175
後記……213

第一章·苦惱

熊太郎又深深的嘆了一口氣。

攤開在書桌上的，正是這一期財務報表的資料，截至目前爲止，已經連續出現三期赤字了。

熊之湯度假旅館正處於岌岌可危的虧損窘境。

這個區域因爲有水質良好的天然溫泉，曾經是國內屈指可數、旅遊業興盛的溫泉街。然而在地方過疏化、少子化、高齡化、公共事業預算削減的多方衝擊下，往日的繁榮興盛已不復見，當地的景氣陷入持續低迷的窘況。

隨著溫泉街的來客數每況愈下，區域內的旅館同業爭奪遊客的狀況是愈演愈烈。競爭對手的洋熊度假村率先打破區域內旅館同業之間締結的君子協定，大幅度調降住宿費，掀起削價傷本的惡性競爭，態之湯旅館亦難以倖免。

熊之湯度假旅館的規模，僅次於區域內第一大的洋熊度假村，館內設有八十間客房以及二十間附有露天衛浴的湯屋。

在景氣蕭條、觀光客銳減、小型旅館倒閉的風潮裡，熊之湯在這之前總算能保住黑字的成績，但，最近這三期已由黑字轉爲赤字，而且赤字的幅度在擴大之中。

當然，熊太郎也不是坐以待斃放任經營狀態惡化。基本開銷已削減至最極限、就連員工的獎金也刪除了。然而這些削減成本的對策顯然無法彌補營業額巨幅滑落所帶來的虧損。

熊太郎最掛心的事就是資金調度的問題了。

持續出現的赤字並不會使公司倒閉，但資金周轉不靈卻會使得營收呈現黑字的公司倒閉。熊太郎花在與金融機構交涉的時間佔去每日工作時間的大半。

「這筆借款的返還期限，能不能請你們再寬限一個月呢？」

熊太郎低下頭、深深的鞠躬哈腰，然而銀行的負責人卻遲遲不肯點頭。交涉因此陷入膠著狀態。

熊太郎只好無奈的打道回府。

「眞可惡！那個頑固的老頭爲什麼這麼不盡人情啊！如果旅館倒了，都是那傢伙的錯啦！」

熊太郎怒不可遏的朝牆壁踢了一腳。

「社長，不如再去拜託前幾天拒絕借款給我們的那間銀行吧！」負責財務的浣吉提出了建議。

「好吧，再去試試！」

這幾個月裡，熊太郎每天都是在沉重的財務壓力下過著渾渾噩噩的日子。

「我應該不是爲了過這種日子才繼承父親的公司啊！如果要這麼痛苦的話，早知道就不要繼承家業了……」

熊太郎在東京念完大學後即進入大型企業工作，在第四年時獲得公司招募的海外進修名額、遠赴國外取得商學院ＭＢＡ學位。

回國後在經營企畫部擔任預算編列的工作時，熊太郎接到了父親因過勞而病逝的消息。儘管熊之湯度假旅館在地方上是規模第二大的旅館，但身爲經營者的父親並沒有培育接棒人。

「這樣下去的話，旅館將無法繼續營運……。等等，這說不定是個機會，我可以把商學院教授的知識應用在經營旅館上……」

熊太郎在經過幾番思量之後，決定離開東京任職的公司，回到家鄉經營自家的旅館。

熊太郎就任旅館負責人後，即接二連三的導入他在商學院學到的新式經營手法。但是，這些方式幾乎全面失靈，完全起不了任何作用，旅館的業績更是一落千丈。

最明顯的問題在於，旅館的員工對於熊太郎所主張的經營理論及專業用語一無所知，無法應付這些突如其來的變革，工作現場一片混亂。

「為什麼你們就是不懂我的意思呢？」

熊太郎與員工之間的代溝似乎愈掘愈深。

有一天，從銀行回來的路上，熊太郎接到了一通電話。

「社長，事情大條了！」

這是祕書貓丸打來的。

「犬之介因過勞病倒，被送到醫院了！」

「什麼！」

熊太郎對犬之介是百分之百的信賴，因爲旅館裡只有犬之介一個人能夠理解熊太郎所說的經營理論。

優秀且責任感強的犬之介於是過量承受了熊太郎所交代的工作。

「確實他最近看起來沒什麼精神，難道說犬之介的體力已經到極限了……」

無論如何，當務之急是要找人接手處理犬之介的工作。

熊太郎急忙趕回旅館，將犬之介的工作分配給其他的員工。多虧犬之介有將份內的工作內容及資料保存清楚做成文書記錄，因此分配工作的事宜比想像中要來得順利。

「呼～，這樣應該暫時沒問題了。」

熊太郎回到社長室的座位上，闔上眼、做了個深呼吸。

「找人頂替犬之介的工作固然重要，但犬之介的身體狀況更是令人擔心……」

在持續赤字經營的壓力下，每天都得忙著調度資金，熊太郎並沒有餘力去體諒員工的辛勞。

「在這幾乎沒有利益的痛苦時期，唯一信賴的犬之介又病倒了，我到底是爲了什麼在工作的啊……」

熊太郎想不出自己的工作意義何在，心情鬱悶到極點。

「這樣下去眞的很糟糕。總之，無論如何都要使旅館業績振作起來才行！」

熊之湯度假旅館除了提供遊客住宿與泡湯的服務外，也販賣地方特產。這些特產不只是在館內設點販賣及透過郵購銷售，同時也在全國主要的百貨店、超市裡鋪貨。

旅館的住房率減少，但特產販賣的業績卻有成長的跡象，如此看來，只有先靠提振特產販賣的業績來支撐旅館的營運了。

熊太郎使用電腦試算軟體，模擬計算著業績營收與利益的變化。

「特產販賣如果能比上個月提升一二〇%的話，應該就能維持旅館的營運了。這一二〇%的提升應該不難實現，就是請員工多加把勁了！」

熊太郎把營業部五名員工的業績目標提升到上個月的一二〇%，並打算對無法達成目標的員工嚴格追究責任。

熊太郎走到營業部，將他的決定告知員工。

「下個月的販賣目標已向上做了修正。無法達成業績目標的人將予減薪處分。」

熊太郎的這番話使員工不寒而慄。

過了一個月，大概是這個減薪處分的威脅政策奏效了，幾乎全體員工都達成新的營業目標。

「看吧，想做還是做得到嘛！」

熊太郎對這個月的數字很滿意。

「以往的員工管理太鬆懈了，以後一定要更嚴格才行。」

然而在兩個星期後，一直都是公司大量購買特產的優良客戶——象爺百貨店突然來了一通電話。

「你們是怎麼教育員工的啊！」

「怎麼了？」

象爺百貨店的老闆掩飾不住憤怒的語氣。

「你們家的猴吾郎眞是個厲害角色。我都說不要進那麼多貨了，他竟然說，我不買他就不走，這簡直就是在威脅我啊！」

「啊……。眞是太抱歉了。」

熊太郎全身冒冷汗、不停地向對方道歉。

平常那麼溫和的象爺百貨老闆竟會打電話來申訴，可見猴吾郎的銷售方式眞是太亂來了。

「就算本店因爲他的強力拜託而買進產品，我們也會覺得貴公司是把品質普普、可有可無的商品硬塞給本店。猴吾郎的推銷方式眞的太沒常識了！」

「眞的很抱歉。我一定會好好說說他！」

「今後如果再有這種事發生，我就會重新考慮是否要與貴公司繼續合作了。」

象爺百貨是熊之湯的重要客源。如果失去象爺百貨的合作，那對公司而言是相當嚴重的打擊。

「猴吾郎這傢伙給我幹了什麼好事！」

放下話筒的熊太郎，胸口湧上一陣熊熊的怒氣。

然而過不了多久，除了象爺百貨之外，另外大概有五、六個客戶都打電話來申訴對於強迫性銷售的不滿。其中更有兩個客戶憤而拒絕再與熊之湯合作。

客戶有來申訴的情況倒還算好，令人擔憂的是，有些客戶對員工的強迫銷售感到厭惡、默默地拒絕再與公司交易。

想到這，熊太郎不由得火冒三丈。

「本公司自創業以來，一直都是標榜『客户第一主義』。這些社員爲何明知故犯，做出這種強迫客户購買產品的舉動呢？難道他們根本不明白公司的經營理念嗎？」

熊太郎完全無法理解社員的行爲。

公司內明明就掛著「客戶第一」的大字匾額，這些員工卻視若無睹。

在商學院裡，熊太郎學到一招管理小撇步——要求員工隨身攜帶印有公司經營理念的卡片。因此態太郎在接管公司之後，旋即將熊之湯度假旅館的理念印在卡片上，要求社員隨身攜帶。

那張卡片上清清楚楚的寫著，「熊之湯理念——客戶第一主義」。熊太郎以爲客戶第一的理念已經牢牢銘刻在員工的腦海裡。

「沒想到這些員工居然採取強迫購買的手段，眞是無可救藥啊！」

憤怒的熊太郎要求員工在大廳集合。

「你們到底怎麼回事？客户對你們提出嚴重的申訴了！你們難道不了解熊之湯的理念是客户第一嗎？」

熊太郎用嚴厲的口吻斥責員工。

現場沉默了一會兒之後，營業部的狐吉出聲了。

「您要我們奉行客户第一主義，但卻要處罰沒有達成營業目標的人，也就是說，只有達成營業目標的人才能得到好評價。既然達成營業目標與否悠關我們的生存，我們就沒有餘力去顧及客户的感受，你所謂的客户第一理念對我們來說也就只是個口號！」

狐吉的話給了熊太郎一個重擊。

「原來，公司理念對員工來說只是一句口號，沒有實質意義……」

熊太郎在商學院裡學到經營理念的重要性，爲使員工將重要的經營理念銘記在心，熊太郎不但要求員工每天要在朝會時複誦，同時也要求他們隨身攜帶卡片。儘管有如此滴水不露的提醒，公司的經營理念依然沒有在員工的心裡生根。只能說問題是出在員工身上吧！

熊太郎緩步踱出氣氛一片凝重的大廳，邊走邊碎碎唸著。

「大型公司的員工優秀、反應快，因此經營理念能夠深植員工腦海。這種鄉下地方的旅館怎麼可能達到同樣的效果呢！」

熊太郎把理念無法深植人心的原因都歸罪到員工身上，而沒有直接面對真正的問題點。儘管他心裡明白把責任推到員工身上並無法改變現狀，只會徒留遺憾，但現在的熊太郎幾乎沒有餘力正視問題的所在。

「再這樣下去公司會無法生存。一定要想辦法增加溫泉的來客數！」

就在這時候，熊太郎無意識的瞄了一眼電腦網頁，接著他的視線就停留在某個廣告上。

「最新心理學行銷術！你的營業額將暴增十倍！」

點進去之後，發現該網站揭載了很多業績倍增之企業經營者的運用實證。

「營業額增加十倍？真的嗎？好像怪怪的……」

原本有些狐疑，但無論如何要使營收增加的意圖打消了懷疑的漩渦。熊太郎懷著像在大海裡抓住浮木的心情，向這間行銷公司寄出了詢問信。隔天，行銷公司的業務員旋即上門拜訪。

仔細一聽，對方的行銷方式似乎是利用操控客戶心理爲出發點，發送煽動客戶情緒的傳單或電子郵件，使客戶自動找上門、達成提升營業額的目標。據說這是美國人開發的手法，已有數十間企業因此而使業績倍增的實效。

「這種心理行銷術在日本尚未發跡，這是因爲我們已跟美國公司簽下獨家授權的緣故。

「如果貴公司現在不立即採用，很快的，您的競爭對手將會率先導入這套行銷模式。到時您就只好將客户拱手讓人了。

「貴公司眞是幸運，提早發現這麼好的行銷方式。現在簽約執行的話，可以馬上產生壓倒競爭勢力的效果。再猶豫下去的話，您恐怕就錯失良機了。」

營業員口沫橫飛的展開一連串的簽約游說。

「原來如此。這個威力驚人的心理行銷術或許是我們熊之湯最後的機會。只好放手一搏了！」

就在這個時點，所謂的心理行銷術已發揮它的威力了，熊太郎卻渾然不覺的簽下契約……

在導入心理行銷術的數日之後，預約電話迅速湧入、溫泉的利用人數開始增加了。

「營業額眞的增加了！這都是心理推銷術的功勞吧！」

熊太郎對於這突如其來的顯著效果感到相當的懾服。

「最新的行銷手法果然不同凡響耶！」

然而一個月之後，一直是順勢增加的來客數突然像消了氣的氣球一般地掉落了，而且這並不是暫時性的減少。來客數一天一天的滑落，甚至比導入心理行銷術之前更糟糕，這也使得營業額降到比以前更低的水位。

「到底發生什麼事了？」

熊太郎對於來客數的暴起暴落更是一頭霧水，完全無法理解原因何在。

接下來的某個星期日，熊太郎不需要跑金融機構籌措資金。從籌款壓力中暫時獲得解放的熊太郎與旅行代理店飛鳥社的營業代表——海鷗氏約了打高爾夫。

海鷗氏在代理店裡負責替團體旅客找住宿飯店的工作，他經常向旅客推薦熊之湯度假旅館。對熊太郎而言，海鷗氏是比投宿旅館的散客更重要的客人。

熊太郎並不是特別喜歡打高爾夫，而是把這個應酬當成是工作的一環。在前往高爾夫球場的途中，他心裡還是想著要如何才能改善旅館的窘況。

熊太郎萬萬沒想到，海鷗氏丟給他一個令他措手不及的訊息。

打完十八洞後、兩人在俱樂部裡小憩時，海鷗氏用充滿歉意的口吻開口了。

「熊太郎，你聽我說，眞的很抱歉，我們無法再爲貴公司提供旅館的推薦服務了。」

「什麼？」

熊太郎幾乎不知道如何作聲。

飛鳥社如果停止團體旅客的住宿仲介服務，對熊之湯可是相當大的打擊。

「到底是怎麼一回事？」

熊太郎感到體內血液上衝、身體有些顫抖，他用僵硬的語氣逼問著海鷗氏。

「其實呢，我們一向有在收集旅客的住宿感想，最近在回收的問卷裡發現不少對於熊之湯的負面評價。」

「怎麼會？」

我們旅館的風評很差？

但我們並沒有與客人發生任何衝突，這一定是哪裡弄錯了……

「我們也不清楚問題出在哪。不過，你們最近採用了特殊的行銷手法是嗎？聽說有些看了廣告而自行前往熊之湯的客人抱怨道，廣告內容與旅館的實際狀況差太多了。如此不滿的發言可不是只有二、三件……。」

熊太郎的確是照著心理行銷術的做法刊登了與旅館現狀有些差距的廣告，但這有什麼不可以嗎？

「那種煽動客人情緒、使客人懷有過度期待的不實廣告根本是反效果！現在用『熊之湯度假旅館』在網上搜尋的話，出現的都是寫著對熊之湯感到不滿的部落格。

「說實在的，就連我們也對貴公司感到失望。我們一直都是將團體旅客優先安排到熊之湯的，現在卻發生這種事，我眞覺得有種被背叛的感覺。」

海鷗氏語重心長的道出這番話。

「怎麼會這樣？……」

熊太郎終於有些了解爲何在導入心理行銷術初期營業額有增加，但沒多久卻疾速滑落的理由。

「難道說，員工業績的起落也是同一個道理……。」

就是在這一刻，熊太郎終於發現自己所犯的過錯。

提高員工業績目標之後的業績起伏與導入心理行銷術之後的營業額起伏，兩者的原因是相同的。

藉著強迫客人買他並不需要的商品、誘騙客人來住宿以獲取利益。然而這種勉強得來的利益反而帶來更大的損失。

「原來我的想法錯了……那到底應該怎麼做才能救公司呢？」

公司現在的困境不只是營業額滑落，成本開銷也都已經能省則省、幾乎沒有可再削減成本的空間了。原本打算無論如何都要提升營業額，勉強的結果卻只是造成更大的損失。

熊太郎腦海裡浮現了「倒閉」的字樣。突然覺得背肌僵硬、有種動彈不得的感覺。

「已經沒有辦法了嗎？」

此時，熊太郎的耳邊響起了惡魔的喃喃提醒。

「你還有個最後的手段，就是裁員！」

熊之湯度假旅館自創業以來不曾裁員。創辦人——熊太郎的父親完全不認同裁員策略。

儘管如此，熊太郎認爲要救熊之湯的唯一手段只剩下裁員了。

熊太郎心裡有了覺悟，隔天即公布提早退職制度。

提早退職制度基本上是要尊重員工個人提早退職的意願。但熊太郎卻是要求業績較差的員工自行退職。

結果包括業績最差的猿太，共有五名員工退職。

「謝謝您的照顧。」

看著猿太離去的背影，熊太郎的胸口感到一陣疼痛。

然而熊太郎並沒有時間沉浸在感傷裡，他必須要趕快使熊之湯的營運回穩。

辭退五位員工所產生的退職金雖然造成支出擴大，但這是一時的，而此後每月的人事支出則可因此減少。

熊太郎看著試算表喃喃的唸著。

「如此一來，每月的基本開銷就減輕了……」

然而，當隔月的財務報表出來時，熊太郎愣住了。

營業利潤竟然再度減少。

「啊……明明已經大幅削減人事支出了，為何利潤卻更少呢？」

再仔細看了財務的細項才發現理由何在。原來，營業額減少的幅度比人事費削減的幅度還來得大。

雖然減少員工人數當然會減少某部分的業績，但實際的業績縮減額卻遠比預期的數字多更多。

「為何業績會萎縮得這麼嚴重呢？」

熊太郎走向業務部企圖找出原因。

當業務部的門打開的瞬間，熊太郎已察覺了病因……

業務部的氛圍簡直是糟到極點。不要說是幹勁，大家連交談的意願都沒有。以前是大家互相幫助、氣氛和諧的景象，現在大家都低著頭、無視別人的存在。

「你們到底怎麼回事啊？」

業務部長抬頭看著熊太郎，表情空洞的回答道。

「就是因爲上個月的裁員啊！猿太的業績雖然不太好，但他是最拚命工作的一個。看到猿太被裁員，大家都沒有幹勁了。現在大家心裡都在懷疑，自己何時會被裁員……。」

「怎麼會這樣……」

熊太郎原本單純的以爲，裁掉一個人，只是等於減去一個人的業績及人事費。

然而事實卻不是這麼一回事。人事費的確是減去一人份，但公司卻因此失去了更重要的元素。

「我犯下無可挽回的錯誤了……」

熊太郎現在才了解爲何父親堅持不裁員的原因，但似乎爲時已晚。

隔天，熊太郎爲了取回飛鳥旅行代理店的信任，於是出發到東京拜訪飛鳥本社。

雖然熊太郎已保證今後絕對不會再打出誇大不實的廣告，但要重新取得曾經失去的信任實在不容易。

熊太郎垂頭喪氣的走向東京車站，突然有人從背後叫住他。

「熊太郎嗎？」

回頭一看，原來是商學院的同學，現在服務於金融機構的虎之助。

「好久不見哪！你上來東京怎麼沒說一聲？聽說你繼承了你父親的度假旅館，做的還不錯吧？」

「啊……還可以囉！」

熊太郎無法率直的說出現在的窘況。

「不要浪費這難得的相遇，我們去喝一杯吧！」

熊太郎心裡盤算著，或許去喝一杯、聊一聊，可以觸發一些如何脫離現狀的想法。

虎之助又聯絡了另一個商學院的同學，畢業後自行創業、最近將公司股票推上市的豹吉。

三個人一同前往虎之助常去的複合式餐飲酒吧。

虎之助是金融界的菁英，年收入比熊太郎多了一位數。他的服裝、生活方式也截然不同。

「我們公司今年的營收遠遠的超越了雄獅證券，年終獎金眞令人期待！」虎之助得意的說道。

「聽說雄獅證券的CEO還被炒魷魚了呢！出了那麼大的紕漏，不被踢走才怪呢！」

高聲談笑的虎之助看起來像是認爲自己早已衝上人生的勝利之路。

「原來如此，眞厲害……」

熊太郎嘴上附和著，其實心裡一點也不羨慕虎之助的生活。

虎之助雖然笑得很開心，但看起來並不是眞的感到幸福。他對店員的態度傲慢無禮，還總是以職業及年收入等檯面上的條件來判斷人。

「熊太郎你也眞是想不開啊！居然把自己的人生賭在不會賺大錢的度假旅館上！」

虎之助的態度很明顯的是瞧不起人。

豹吉還在念商學院時就與朋友創辦了一間創投公司。去年這間公司的股票上市，如今的豹吉已擠身於熱門企業的董事之列。

「豹吉，我在雜誌上有看到關於貴公司的報導耶！你眞是厲害！」

然而，豹吉的反應倒是令人意外。

「最近受到股東的施壓，要求我們每一季都要做出某程度的成果。前不久公司對員工做了問券調查，大部分的員工都承受了相當大的精神壓力。就像受到投資股東的壓搾一般，我們是拚老命在工作。」

熊太郎吃了一驚。原來不是只有自己這種中小企業必須爲求獲利而掙扎，就連上市企業，不，應該說，上市企業更必須爲追求利益而奮戰。

「眞的這麼嚴重嗎？」

「哎，不是一句嚴重可以形容的。其實現在已經有十名以上的員工因憂鬱症必須住院觀察。」豹吉小聲的說道。

熊太郎簡直無法相信，外界報導爲業績成長順遂的上市公司裡，居然有十名以上的員工身患憂鬱症。

在旁人眼裡光彩十足的上市公司，居然也是犧牲員工健康來賺取利益的……

「雖然公司有聘請心理顧問來爲維護員工的心理健康盡一份力，但這也不過是治標不治本，無法解決根本的問題。哎，就算明知道是員工確實承受了過度的壓力，但獲取利益又是公司生存下去唯一的途徑……。」

這些充滿悲壯情緒的話眞不像是從一個令人稱羨的創投企業董事口中吐出來的。

「好像哪裡不對勁……」

在回鄉的電車裡，熊太郎若有所思的看著車窗外。

「我是拚了命的工作，但熊之湯的業績非但沒有因此而有起色，認眞工作的犬之介也因過勞而病倒，裁員又反而使公司的損失擴大……。像虎之助這樣的金融界菁英，雖然收入可觀、穿著高尚，但本人似乎沒有感受到眞正的幸福。像豹吉這樣頂著光環的創投經營者，實際上竟然被股東的壓力逼到無法喘息、員工也患上憂鬱症。

「企業獲利的成果雖然能博得股東的歡心，但支持他的客戶與員工似乎都無法感受到眞正的幸福。

「看看像虎之助及豹吉這樣的工作者，不難想像企業獲利成長的背後是犧牲員工的幸福。」

利益與幸福一定是矛盾的存在嗎？

如果要增加利益就必須減少幸福的話，那麼企業活動不就變得沒有意義了？

到底這個世界的人在想什麼呢？

總覺得愈是努力工作的人愈是使自己離幸福愈遠。

眞是奇怪……

話說回來，就算覺得不對勁，但又不知道應該要怎麼做……。如果像大家一樣爲追逐利益而工作，似乎又只是使狀況惡化。這到底怎麼一回事呢？

第二章：發覺

今天熊太郎也是從早到晚奔走拜訪金融機關與廠商，不斷的向人低頭拜託寬限還款、付款的期限。晚上回到公司後還要處理其他的公事。這樣疲於奔命的生活已經到達極限了。

「到底怎麼做才有救呢？

我這樣努力卻還是看不到半點改善……」

熊太郎抽空拚命啃食工具書，時間管理術、工作技巧等各式各樣的書，同時也試著實踐書裡所記載的方法。

然而實際的情況是，不論自己如何提高工作的效率，事情還是多得忙不完。效率愈高愈覺得自己的靈魂被工作吞食了。

熊太郎透過商學院朋友的介紹，以特價商請企業顧問爲公司進行經營狀態分析。

從顧問那裡拿到近百頁的分析資料裡卻只洋洋灑灑的寫了業界構造分析等冠冕堂皇的文章，對於如何打開僵局卻隻字不提，完全沒有實質上的幫助。

「到底哪裡才有我要的答案呢？」

突然熊太郎的腦海裡浮現了熊之湯創辦人(父親)的身影。

「答案就在現場！」

這是父親時常掛在嘴邊的一句話。

「工作現場嗎？仔細想想，這幾個月自己都在忙著向金融機關周轉資金，根本沒有巡視旅館……」

原本熊太郎就沒有旅館的現場經驗，同時他也認爲沒有必要到現場看。熊太郎以為只要用商業學院所教授的最新經營理論加以分析營運報告，就能找出答案。

但所謂的最新經營理論似乎根本對實際上的企業運作起不了作用。這幾個月都忙著四處奔走資金的熊太郎終於發現事情不妙，他離旅館現場愈來愈遠了。

「不管怎樣，我還是先去聽聽看來客的意見吧！」

熊太郎難得的站在旅館櫃檯裡，他向來辦理退房的客人打招呼，並詢問住宿感想。

「感謝您的光臨。住房還可以嗎？」

「託你們的福，住得很舒適。」

連續問了幾位客人，並沒有聽到表示不滿的回應。察看客人滿意度問卷調查，也沒有客人圈選不滿二字，而希望改善的那一欄也幾乎是空白。

「我還以爲可以在客人的意見裡找到如何改善的提示呢……」

這時，熊太郎突然想起海鷗氏說過有強烈抨擊熊之湯的部落格，於是他急忙上網做「熊之湯度假旅館」的關鍵字搜尋。

果然出現了一批導入心理推銷術一個月之後的記事，內容盡是批評廣告與實態落差太大的字眼。但在撤除心理推銷術廣告之後，似乎就沒有惡評記事了。

「看來客人並沒有對熊之湯抱持特別不滿的想法，但爲何來客數會減少呢？」

如果客人有表示不滿的地方，那就是改善的空間。但是現在卻找不出客人是哪裡不滿意，熊太郎感到束手無策。

有一天，熊太郎經過旅館的中庭，無意中聽到客人的對話。

「這裡好像沒有我們期待的那麼好……」

「嗯，日本的度假旅館不就差不多是這樣？」

「那我要存多一點錢，明年想去巴黎度假！」

這段對話眞是一語驚醒夢中人。

「原來如此，如果沒有特別大的錯誤，客人是不會將不滿的意見説出口的。

「如果我們無法提供客人超乎期待的住宿體驗，那麼客人不但不會再上門，而且也不會有良性的口耳相傳。這也難怪來客數會減少……」

旅館如果只是維持在不會引起客人不滿的水準，將無法達成永續經營的理想。

熊太郎反覆咀嚼著客人順口說出的評論，「沒有我們期待的那麼好！」

「熊之湯難道無法提供客人超乎期待的住宿體驗嗎？要怎麼做呢？」

光用想像的也沒有用，答案應該在現場吧。

熊太郎再次站在櫃檯、藉機詢問辦理退房的客人。

這次他改變了問話的內容。

「本館有帶給您超乎期待的感覺嗎？」

「嗯，是不差，但要說是不是有超乎我的期待，這有些難回答……」

客人雖然沒有明講，但很明顯的，熊之湯並沒有帶給他們超乎期待的感覺。

客人到底期待什麼呢？

怎麼做才能給客人超乎期待的感受呢？

熊太郎決定試著向客人問清楚。

「請問我們要如何做才能給您超乎期待的感受呢？」

「嗯，該怎麼說呢，就是覺得還缺少些什麼似的，這很難說明……」

客人好像連自已想要什麼都不是很清楚。

熊太郎有些無力的改變了問話的內容。

「您還會再過來嗎？」

「嗯，有機會的話……」

一聽就知道是敷衍的回答，這位客人八成是不會再上門了。

熊太郎也試著詢問其他幾位客人的意見，但是都沒有人能說出明確的要求或期待，同時也沒有人回答一定會再來。

「客人期待的到底是什麼呢？」

當天夜晚，熊太郎繼續抱著疑問入睡。

我們有品質優良的溫泉、使用自然食材做成的美味料理，難道有這些還不夠嗎？

有一天，熊太郎來到福岡出差，兩天一夜。

工作結束後，他走向預約住宿的商業旅館。

因業績岌岌可危而只領半薪的熊太郎只能負擔得起價格便宜的旅館。幸好福岡有間旅館舒適又便宜。

「歡迎光臨！」

一踏進旅館就傳來一句充滿活力的歡迎聲。

「每次都能聽到爽朗的招呼，感覺眞好！」

熊太郎一邊辦理住房手續、一邊享受著接待人員笑臉迎人的溫馨問候。

「五〇八號房。請您好好休息。」

「謝謝！」

熊太郎拿到房間鑰題、搭乘電梯抵達位在五樓的房間。

房間並不廣敞，房內的施設及用品也是只做了最低限度的供應。但令人覺得窩心的是，清潔工作做得很仔細、設備及用品也放置在容易取用的地方。身心疲累的熊太郎在旅館溫暖貼心的氛圍裡沉沉睡去。

隔天，回家的飛機因颱風而停飛，熊太郎被迫要在福岡多待一天。

「糟了，昨天的旅館不知道還有沒有空房……」

昨天的旅館如果沒有事先預約，幾乎是不會有房間的。

打電話詢問得到的回覆果然是客滿，只好投宿別間旅館了。

一踏進這間旅館，熊太郎就感到有些呼吸困難。

有位看起來像是接待員的人卻連打聲招呼都沒有。

「七〇四號房。」

接待員面無表情的將鑰匙遞過來。

一股不愉快的感覺衝擊著熊太郎。

「爲何用那種無所謂的態度做事呢？看到那種臉色，我也變得很不是滋味。既然是一定要做的事，爲何不用快樂的心情來面對呢？」

熊太郎邊想著邊進了房間。

房間很不錯，比昨天的旅館更新、更廣敞。設備跟用品則差不多。住宿費也比昨天便宜了五〇〇日圓，但熊太郎卻沒有一絲喜悅，反而有種受到損失的感覺。

感到不愉快的熊太郎早早的進了被窩，躺在床上繼續思考著。

「昨天的旅館跟今天的旅館，房間的大小跟設備其實都差不多，嚴格說來，今天的房間更新更寬敞。其實有差別的部分是接待員的應對。

「昨天在那間旅館裡我有段舒爽愉快的好眠，而且也有下次來福岡一定也要住那裡的念頭。但今天的旅館則是讓我不想再來第二次。

「從實際的住房利用率來看，昨天的旅館總是客滿、不預約就沒有房間；今天的旅館卻好像還有不少的空房。

「接待員的應對品質居然能造成如此的差距，這到底是爲什麼呢……」

熊太郎無法理解自己的感受。

「我對商業旅館的要求原本只是著眼於住宿的機能性。昨天的旅館與今天的旅館都提供相當完備的住宿機能，但我卻認爲兩間旅館有差異。

「難道我在乎的不只是住宿的機能性，旅館的氛圍也會影響我的選擇？」

熊太郎的腦海裡突然靈光乍現。

「度假旅館或許也是一樣。

「溫泉旅館的來客所要求的不只是溫泉與餐點的品質，他們同時也有情感面的需求，想要藉著溫泉旅行治癒身心、得到溫暖、嘗到幸福……。」

熊太郎似乎漸漸的想通了。

「仔細想想，人類的行動不都是這樣？

「對於衣服的需求如果只著眼於穿著機能的話，那買最便宜的衣服就好了。然而實際上我們卻會想要買漂亮的衣服，藉此得到幸福的感覺。」

「這也就解釋了虎之助與豹吉給我的矛盾印象。

「人類有追求幸福的本能。人是爲了得到幸福而生存的。

「倘若企業活動會帶給人不幸，那麼挹注成本從事企業活動不就沒有意義了？

「商學院教導我們，企業存在的目的是獲取利益、使股東權益最大化。然而如果爲了使股東權益最大化而犧牲員工的幸福，這樣的企業活動就沒有意義了。

「人的幸福與股東權益的最大化，哪一樣比較重要呢？當然是人的幸福重要了。

「但是商學院並沒有傳授這個概念給學生。而且，不論是大型企業的經營者，以及經營管理的暢銷書籍都告訴我們，經營者的使命就是要使股東權益最大化。

「我這個想法難道是錯的嗎？」

直到入睡，熊太郎都沒有得到答案。

從福岡回來的隔日，熊太郎前往縣內有名的高級餐廳。

熊太郎擔任度假協會的副會長，今天他要代替會長接待政治家豬葛先生。

豬葛先生在建設地方道路工程方面非常的賣力。熊太郎心裡明白道路的增建將對未來的國民造成經濟負擔。但是道路的建設也會有助於增加溫泉旅館的來客數，因此，這個接待豬葛先生的工作十分重要。

事實上即使有便利的道路，但如果溫泉旅館自身沒有魅力的話，來客還是不會增加的。然而，焦頭爛額的熊太郎並沒有餘力冷靜下來思考一番。

熊太郎訂了一間豬葛先生喜歡的法式料理店。

「豬葛先生，承蒙您的關照。道路建設的事就拜託您了。」

熊太郎在低頭拜託的同時亦感到有些罪惡。

「你是度假旅館協會副會長的熊太郎嗎？我會盡全力支援縣政發展。你們也要一起努力！」

按照慣例的打過招呼後，菜單送來了。

熊太郎看到菜單的內容著實吃了一驚。一瓶進口礦泉水竟然要價七○○日圓。

住家附近的居酒屋有提供一模一樣的進口礦泉水，一瓶只要三○○日圓。

同樣的產品在這裡卻要價兩倍以上，這不是坑人是什麼？熊太郎在心裡暗罵著。

說也奇怪，那種不愉快的感覺在用餐途中慢慢消失，剩下的是舒服的感覺。

服務員並不是照表操課的提供服務，而是先行觀察客人的需求、提供適當的服務。

最令人感到舒服的是，店裡充滿家庭式的溫暖氛圍，完全沒有高級餐館給人的疏離感。店員的笑容爽朗、應對親切得體，絕對不會隨便打擾客人的談話。

不常去高級餐館的熊太郎也自然的沉浸在舒適的服務裡，身心都放鬆了許多。

不知從何時開始，熊太郎早已忘了三○○日圓的水賣七○○日圓的事。

如果能在這麼棒的空間裡用餐的話，那瓶水的確貴得有它的價值。

酒酣耳熱的豬葛先生開始他慣有的自吹自擂。

熊太郎假裝聽得很入迷，其實腦袋在想著這瓶不可思議的水。

「將三○○日圓的水賣七○○日圓，就多了四○○日圓的利潤。

「這間餐廳爲何可以理所當然的多賺這四〇〇圓的利潤呢？

「平常要是將三〇〇日圓的水賣七〇〇日圓，絕對沒有人會買。

「但在這個超級舒適的空間裡，出七〇〇日圓的價卻一點也不爲過。

「在這裡用七〇〇日圓買原本只要三〇〇日圓的水的人卻一點也不覺得自己被店家佔了便宜。

「仔細一想，我似乎可以從這附加的四〇〇日圓利潤看出某些無形的價值。

「這四〇〇日圓的價值就是舒適愉悅的氛圍吧？」

熊太郎試著以自己的感覺來進行檢證。

如果是到住家附近的雜貨店買水，那我就只肯付那瓶水本身所值的三〇〇日圓。

但如果在餐廳點了一瓶水，因爲我同時享受了舒適愉悅的氛圍，所以甘願付七〇〇日圓。也就是說，我對舒適愉悅的氛圍這項無形的產品支付了四〇〇日圓。

熊太郎正在思考時主菜送來了。

熊太郎看著桌上的料理，繼續思索。

「不只是水，這間餐廳的料理價格，比住家附近的定食屋要貴上幾倍。這是因爲料理使用上好的食材、餐廳內裝豪華、服務員人數多。

「料理的價格必須涵蓋了食材費用、人事費用、瓦斯水電費用、裝潢費用分攤等，如果無法涵蓋所有的成本支出，餐廳就不會有利潤。」

熊太郎又想到這間餐廳最近傳出要開分店的消息。看來，餐廳有不錯的獲利。那麼這個利潤的本質是什麼？

「我明明知道料理的價格比成本支出及攤銷等費用要來得高，但爲什麼身爲客人的我卻覺得這是合理的呢？

「這一定是因爲我認同在舒適愉悦的空間裡享用美味料理的幸福感是值得的。

「也就是說，客人願意花錢購買的標的物，並非只有料理本身，同時也包含了他透過享用料理時所得到的幸福感。」

熊太郎想起到福岡出差時所住宿的旅館。

「之前的旅館也是。

「我花錢並不只是爲了住宿的機能性，同時我也期待能得到舒適的幸福感。因此一間讓我感到溫暖舒適的旅館對我來説是物超所值，而使我心生不愉快的旅館對我來說是個不划算的選擇。

「能讓客人享受舒適感的旅館因此而能取得更多的利益。換句話說，客人的幸福感就是旅館的利潤來源。

「這麼說來，利益與客人的幸福其實是一種對價關係的存在！」

熊太郎高興的拍了一下膝蓋。

豬葛先生瞟了一眼熊太郎的反應，又若無其事的繼續他的自吹自擂。

熊太郎敷衍的適時出聲附和，腦袋裡繼續思索著幸福與利潤的關係。

「任何人都希望自己能得到幸福。

「然而幾乎所有的公司都是以追求商品或服務的機能性爲目標，而輕忽使客人得到幸福的考量。

「在某些產業裡，例如這間餐廳及福岡的那間旅館，兩者皆是以帶給客人幸福感爲重要考量的公司，也因此而確保了豐厚的營收。這也就是證明了客人願意花錢來換取幸福感。

「公司的利潤與客人的幸福是一種對價關係！」

熊太郎差一點要掩飾不住自己豁然開朗的喜悅了。

餐會結束後，熊太郎目送豬葛先生離開，接著他就走路回家。距離家裡有三十分鐘的路程，而熊太郎並沒有多餘的錢可以搭乘計程車。

在步行的途中，被風吹得有些酒醒的熊太郎突然冷靜下來了。

「我認爲公司的利潤與客人幸福是種對價關係，這個想法眞的成立嗎？」

熊太郎無法確定這個想法是否成立。商學院裡並沒有教導這樣的論調。

「在商學院裡，我們有接觸到關於顧客滿足或企業的社會責任等想法。但那充其量也只是一種公司應盡的義務。學校教我們必須要做到使顧客滿足或盡到企業的社會責任，但盡了這些義務是否就能爲公司帶來利益呢？」

熊太郎開始感到不安。

「商學院如果沒有這樣教我們，那或許我的想法是錯的。

「如果我說公司的目的是要使客人感到幸福，那肯定會被商學院的同學們嘲笑吧！」

熊太郎無法丟棄以前在學校所學的理論。

將商學院所教授的經營學深深刻在腦海裡的熊太郎，無論如何都無法抹去對於幸福的重要性這種抽象論調的鄙視感。

熊太郎邊苦惱邊走著，突然背後傳來一聲呼喊。

「客人，請等一下！」

回頭一看，是餐廳的服務員氣喘吁吁的跑過來。

「您忘了您的手帕了。」

「你特地幫我送來啊!?」

原來熊太郎離開座位時把手帕忘在桌上了。收拾桌子的服務員發現了手帕之後馬上追了出來。

「眞謝謝你。但，爲何你要特地送過來呢？」

熊太郎雖然感到高興，但卻無法理解服務員的行爲。

如果發現客人忘了帶走的物品，只要先替客人保管就行了。等客人自己發現打電話來詢問後，客人自己會過來領取。似乎沒有必要特地跑這一趟……

這名服務員對著有些愕愣的熊太郎說道。

「不不，我們不能破壞客人的美好夜晚，不能讓客人因爲忘了物品而有半點的不開心。」

這樣的回應著實讓熊太郎心頭一震。

「這個工作人員不只在用餐的空間爲我服務，他還爲了確保我的美好夜晚而費盡心思。而且不是空有設想，他更以行動來負起責任。」

「來得及送到您手上，眞是太好了。今天很感謝您的光臨。」

服務員低下頭深深一鞠躬。

「謝謝你，我眞的很感動。我一定會再光臨你們餐廳的。」

熊太郎並不是在說客套話，他是眞心想再來光顧這間令人難忘的餐廳。

熊太郎離開後走沒多久，回頭望了一眼，發現那位服務員還看著自己這邊、向自己行禮。看到那個身影，熊太郎當下即確信了自己的想法。

「果然沒錯。利益與客人的幸福是一種對價關係！」

熊太郎腦海裡浮現了兩張臉，一是身爲商學院優等生，卻看起來不幸福的虎之助，另一位就是神情愉悅滿足的餐廳服務員。

熊太郎問自己，是要爲了金錢而努力工作，或者是要朝著使客人幸福而獲得利益的方向努力？

「無所謂哪個想法才是對的，重要的是自己希望怎麼做。」

熊太郎心中的迷惑彷彿消失了。

「如果我對商學院的同學說這番話，一定會被瞧不起，但我不在乎了。我們並不是只爲金錢而工作，我們是爲了使客人幸福而工作的。

「當客人感到幸福、心存感謝時，我跟員工也會感到幸福，企業也能得到利益。

「企業活動是使大家得到幸福的機制！」

熊太郎感受到自己心裡起了很大的變化……

第三章：變化的胎動

利益與客人的幸福是對價的，工作並不是只爲了賺錢，同時也是爲了帶給別人幸福。

自從注意到這一點後，熊太郎改變了對很多事情的看法。

之前的自己只是爲了賺錢而工作、把工作的時間與內容都換算成金錢，因此覺得工作時一點也不快樂，而客人也只感受到錢的氣味。

不僅如此，自己還一味的追求工作效率，不但避開與金錢利益無關的工作，又爲了賺錢而沒日沒夜的勉強自己做事。

熊太郎現在終於發現工作的意義不該是如此。

工作的目的不只是爲了賺錢，同時也是爲了製造幸福。

「但要從哪裡開始做呢？」

熊太郎感到迷惑。

現在根本沒有資金來添置一些能讓客人產生幸福感的設備。

「就算知道要使客人產生幸福感，但在沒有資金的情況下，根本就無從著手嘛！」

熊太郎苦惱不已。

這幾天已經想到很多帶給客人幸福的構想，但都需要花錢去做。熊太郎度假旅館已經沒有多餘的資金可以用來推動新的企畫案。

「到底該怎麼辦呢？」

熊太郎想破了頭，終於有了結論。

「既然沒有資金，那我應該想一些不需要花錢的方式來使客人產生幸福感。多動動腦，說不定還是可以想到好主意！」

熊太郎的自我安慰暫時抹去些許的不安。

那麼，不花錢的做法有哪些呢？

熊之湯的員工從來都沒有想過要爲客人的幸福設想。我現在第一件要做的事，應該是改變員工對於工作的想法！

要如何才能使員工理解自己的想法呢？

「客人第一主義」的理念早已宣揚很久了，但卻沒有效果。現在就算告訴員工「客人的幸福很重要」，員工大概也是不爲所動吧！

「不管怎樣，先試試吧！」

熊太郎要員工到大廳集合。

在全體員工的面前，熊太郎用緩慢而堅定的語氣開口傳達他的理念。

「各位，客人的幸福是很重要的。

「從今天開始，我們要以客人的幸福爲第一考量！」

面對突如其來的這句話，員工們臉上浮現了迷惑的表情。甚至有員工露出一副「到底在說什麼鬼啊？」的怪異表情。

「我們要使客人享有幸福的感受，才能爲公司帶來利益。爲了獲取利益，使客人幸福是很重要的。」

熊太郎很想將自己所參悟的道理與員工們分享。

員工如果能認眞看待客人的幸福，那麼熊之湯度假旅館一定能夠振興。

熊太郎懷抱著期待、奮力傳達自己的想法。

熊太郎的心意果真成功的傳達到每位員工的心裡了嗎？

過了幾天，員工似乎依然故我。熊太郎的熱血吶喊似乎沒有產生任何效果，員工還是毫無幹勁。

感到不悅的熊太郎再次把員工集合起來，用更強烈的語氣再說一次。

「大家一定要爲客人的幸福設想啊！」

現場一片短暫的沉默後，狐吉嘴裡吐出令熊太郎感到意外的話。

「在給客人幸福之前，請你先給我們幸福吧！

「薪水這麼少，又可能隨時會被裁員，誰還有心情去考慮到客人的幸福啊？」

聽到狐吉的發言後，有不少員工點頭表示附和。

熊太郎感覺到自己與員工之間似乎存在著一條鴻溝。他這才發現自己與員工之間的信賴關係幾乎盪然無存。先前的裁員破壞了自己與員工之間的信賴關係。

熊太郎十分後悔自己沒有處理好裁員的事。但錯已鑄成，該如何補救呢？

回到社長室的熊太郎頓時感到全身無力。

「爲什麼我們的員工變得這麼冷淡？連花點心思去顧慮客人的幸福都不肯……」

其實熊太郎心裡很明白理由在哪裡，只是他無法承認自己的錯誤。

讓員工有這種反應的始作俑者就是熊太郎自己。爲了提高業績目標，熊太郎要求員工追求利潤、枉顧客人幸福的政策逼得員工喪失工作士氣。

如今這套業績好的員工才能得到好評價的工作標準，從業務部擴散到全公司，員工們變成只擔心自己的利益，沒有心思去顧慮客人的幸福。

不論身爲社長的熊太郎現在如何奮力提倡要以客人幸福爲優先考量，只要公司仍是以業績目標的達成度做爲人事評價的標準，員工當然就不可能有重視客人幸福的想法。

「那麼是不是要廢除業績目標達成制呢？」

熊太郎猶豫著。

「在這個競爭激烈的環境裡，廢除對業績的要求，真的沒有關係嗎？如果員工不再有業績的壓力，那豈不是會更加懶散？」

想像著廢除業績要求可能會使員工更加缺乏沒工作意願的熊太郎突然注意到一件事。

「啊……原來這都是我的錯！」

熊太郎發現自己竟然不相信員工。

「我自己不信任員工，難怪員工也無法信任我這個社長……」

發現最應該責怪的是自己的熊太郎心裡難受極了。但換個角度想，既然自己是原因所在，那就應該先解開自己的心結。

「對了，我要先改變自己！」

一直以來，熊太郎都把責任推到環境或別人的身上，因此始終無法正視問題的根本。現在發現自己才是該負起所有責任的人，那麼要解決問題就必須先以身作則。

熊太郎漸漸了解自己現在應該如何著手改革。

「爲了取回員工對公司的信任、向員工表達自己進行改革的誠意，我要廢止業績目標達成制！」

儘管熊太郎決定廢止業績制了，但他仍然忐忑不安。公司一直以來是以業績達成度來衡量員工的表現，那麼今後該建立什麼樣的標準來評價員工呢？

「趁這個機會一併修改評價制度吧！改成使客人幸福的員工可以獲得好評價的評價制度。」

無論身為社長的熊太郎如何倡導崇高的企業理念，如果這理念與評價員工表現的制度無法結合，那根本不會有任何改善。

熊太郎決定將全體員工的工作評價方式，都改為以使客人幸福為基準的評價制度。不只是業務部的員工，就連櫃檯的接待員今後都要為使客人幸福而努力。

「但是實際上要怎麼做才能建立使客人幸福為基準的評價制度呢？」

此刻的熊太郎尚未想到對策。

光是一個人想破了頭也沒用，熊太郎決定在幹部會議時先行提案討論。

沒想到這件人事評價制度變更的提案受到相當大的反彈。

「使客人幸福的標準到底是什麼啊？要如何衡量呢？」

「人事評價標準會變得無所適從啦！」

幹部們如此強力的反彈使得熊太郎頓時心生畏怯。

但再看看這些變得歇斯底里的幹部們，熊太郎心裡有譜了，他看出了反對聲浪背後的眞正原因。

原來那些猛力抨擊新制度提案的員工都是只顧自己、不受屬下愛戴的資深管理階層。

如果公司導入以使客人幸福爲基準的人事評價制度，那麼一直以來因年資深厚而享有高薪資的資深員工就可能會因無法使客人幸福而遭到減薪。

「我的想法應該沒有錯！」

看出端倪的熊太郎決定打散這波反對聲浪。

「我是認眞的！我會在下次的幹部會議裡提出新的人事評價制度。」

熊太郎丟下這句話便離開了會議室。

「該如何才能說服那些幹部呢？」

熊太郎在公司裡來回踱步、腦海裡不停的思索，此時隱約聽到廊下的角落裡傳來員工的說話聲。

「聽說人事評價制度要改變？」

「眞的嗎？那麼，那個只領薪水不做事的課長有可能被減薪，而我們有加薪的可能？」

聽到這段對話的熊太郎注意到了。

「並不是所有的員工都反對人事評價制度的改革，甚至有員工是希望有所變革的。」

熊太郎決定直接徵詢年輕員工的意見。果眞如熊太郎所料，年輕員工群裡多數是希望人事評價制度能有所變革。

熊太郎於是從各個部門裡召集較年輕的員工共六名組成專案小組，商議如何發動人事評價制度的改革案。

專案組員多次開會商討後的結論是，減少年資比重的同時，將客人給予員工的評價、以及員工間的互相評價列爲工作表現的重要依據，不問資深與否的評價機制就此產生。

熊太郎迅速的在幹部會議上決議導入新人事評價制度的提案，同時以社長權限壓制了反對勢力。

人事評價制度的改革馬上牽動員工態度的改變，大家開始認眞的思考要如何使客人幸福。

「就是這樣！盡可能的嘗試各種改變吧！」

感受到改革氣氛的熊太郎開始試著推動其他的改革。

話說熊太郎原本就很在意公司裡那片死氣沉沉的低氣壓。過去採取激烈手段削減經費與裁員使員工士氣低落。

熊太郎很想趕走那片低氣壓、使公司有煥然一新的氣息。他想起福岡商業旅館接待員的溫暖笑容，心裡於是盤算著，如果員工臉上能掛著爽朗的笑容、給客人親切的接應，那麼熊之湯的客人或許就能感受到溫暖舒適的氣氛了。

就在這時候，熊太郎無意中瞄到攤在桌上的雜誌裡有則以「笑容使公司變得明亮」爲標題的報導。

「笑容眞的能使公司的氣氛變得明亮？有這麼簡單嗎？」

熊太郎心存懷疑、不大相信這起報導。

話說回來，面帶笑容是不用花半毛錢的。對資金拮据的熊太郎來說，只要是不用花錢又可能有效果的方法都値得一試。

然而，對於每天都爲了資金調度而奔走、面臨公司倒閉危機而身心俱疲的熊太郎來說，早就忘了眞心微笑的感覺。

熊太郎對著鏡子，勉強的擠出一絲很不自然的微笑。

「這樣的笑容有趕走低氣壓的效果嗎？」

突然間，熊太郎注意到一個驚人的效果。

就算沒辦法打從心裡微笑，但只要像這樣站在鏡子前練習如何面帶笑容，人也就跟著有振作的意願、心情也變得開朗起來。似乎臉部的表情與心情是有連動作用的。

每天早晚站在鏡子前做面帶笑容的練習，似乎臉部的表情已不再那麼僵硬、笑容也愈來愈自然了。

「但是……」

想到自己這幾個月在公司總是綳著一張臉，熊太郎又不安了起來。

「突然對員工面露笑容，員工會不會覺得怪呢？」

但現在可不是臨陣退縮的時候，只好把心一橫的堅持面帶笑容吧！

「早安！今天好嗎？」

熊太郎面帶笑容的跟員工打招呼。

「眞難爲情……」

剛開始時，熊太郎覺得跟員工微笑打招呼眞不是件容易的事。漸漸地，熊太郎的笑容似乎打動員工的心，大家開始有所改變了。

公司的氣氛變得明亮開朗，員工也變得會主動找熊太郎商量事情，熊太郎所到之處笑聲不斷、氣氛融洽。這是以前從來沒有的光景。

「這眞是太驚人了！」

熊太郎對於笑容的威力讚嘆不已。

「果然這也是事在人爲。自己先面帶笑容的話，周圍的氣氛就會明亮起來。」

如果使周圍氣氛灰暗的原因是自己的話，使氛圍開朗起來的也是自己。熊太郎細細咀嚼著周圍變化的微妙誘因、緩步的走回社長室。

「呼……」

關上社長室房門的熊太郎大概是因爲心情放鬆的關係，不由自主的嘆了一大口氣。

「如果我眞的能放鬆心情的開懷大笑，那就好了……」

儘管營運狀況尚未好轉，但對笑容的威力感到驚喜的熊太郎仍暗自決定要用心的微笑。

熊太郎的笑容的確使公司變得明亮，員工也變得振作積極、勇於進諫。

「是時候要大家提出使客人感到幸福的點子了！」

在如此融洽明朗的氣氛下，一定有員工可以想到好主意。

熊太郎於是集合了甚為積極的十名員工，要大家一起發揮創意、提供點子。

關於激發點子的方式，熊太郎採用了在商學院所教授的腦力激盪法。這是一種鼓勵與會者積極提供建議、對主動發言予以肯定、嚴禁批判言語、重量不重質的創意開發方式。

「現在開始的三十分鐘內，請大家盡量提出自己的想法。任何意見都可以！」

剛開始時沒有半個人發言。

熊太郎猛然想起在學校做練習時，老師曾經提點過要上司積極提出沒用處的點子開路，因此他率先提出一些程度很低、可笑的點子。不多久，員工便開始陸陸續續的提出各式各樣的點子。

大家一起出主意的會議眞的很有趣，三十分鐘之內就有一百多個點子出籠。

問題是，這麼多的點子裡，哪一些才是有效的好點子呢？這時候的熊太郎並沒有一個點子採用的基準，只好先拿一些看起來似乎會有效果、又不需要花錢的點子來試試。

在衆多的主意當中，也有建議仿效一流飯店禮儀的建議。熊之湯度假旅館的櫃檯接待員在被派任之前，雖然有接受過禮儀訓練，但訓練內容與創業初期差不多，並沒有跟上潮流。如果能讓員工們以一流旅館的禮儀對待客人，那客人就能感受到如同身處一流旅館的幸福感。

雖然沒有經費可以延攬禮儀講師來授課，但恰巧有位員工的朋友曾經任職於一流旅館，於是熊太郎便以溫泉免費入湯的招待延請對方來示範一流飯店的禮儀。

透過這次的研修，員工學會了四十五度的行禮方式。雖然不確定四十五度鞠躬禮適不適合溫泉度假旅館，但只要是有提升旅館形象的可能性，都值得一試。

只要是不太需要額外花費、又能馬上實施的點子，熊太郎都姑且拿來試試。例如：引導問路客人走到館內目的地；設置協助客人的服務台、為外國客人準備英文菜單、推出與縣內主題觀光連結的溫泉套裝行程等。

熊太郎雖然有察覺到他所採用的這些主意似乎沒有統一性，但在這個節骨眼，只要是值得一試的點子就是旅館的希望。

「從可以著手改善的地方一個一個做起！」

在衆多點子裡，有一個點子特別引起熊太郎的注意。

「製造驚喜」，這是員工貓太所提出的點子。

貓太看到雜誌的人氣餐廳特集介紹了一間以製造驚喜博得人氣的餐廳。

據說這間餐廳善於設計給客人驚喜的花樣，因此樂於此道的客人趨之若鶩。

「我們旅館也來製造驚喜吧！如果能給客人驚喜，客人應該會有幸福的感覺。」

貓太自信滿滿的提出意見。

熊太郎也認爲這是個好點子。

「具體來說要怎麼做呢？」

「跟餐廳一樣，我們做生日驚喜吧！」

「生日驚喜？聽起來很有趣，可以試試。」

但是，仔細一想，似乎很少人會特地到度假旅館來過生日。

只好先在來客記錄卡裡追加生日欄，等待機會。沒多久，熊太郎就發現有位女客人的生日正好是三天後，於是決定要給客人一個生日驚喜。

當晚，三天後生日的女客與一位男客兩人一起到食堂用膳。由貓太領軍的驚喜製造小組與熊太郎就躲在廚房裡伺機而動。

待兩位客人用膳完畢、要開始享用甜點時，熊太郎對即將展開的驚喜感到興奮又期待。

「客人一定會很感動的。說不定還會高興的流淚呢！他們應該會很想再來我們熊之湯吧！」

待甜點上桌後，驚喜製造小組三人上前圍住驚喜目標的兩位客人，一齊拉開紙炮、齊聲祝賀。

「祝您生日快樂！」

但是客人的反應卻與熊太郎的期待相差甚遠。

兩位客人明顯露出迷惑的神情，現場的氣氛瞬間變得又冷又僵。

「這是爲什麼呢？」

躲在廚房觀看的熊太郎不解的望著客人。

男性客人語帶不悅的向貓太說道。

「你們的心意我了解，但你們也未免太搞不清楚狀況了吧！

「我們就是想要安靜的過生日才選了這間旅館。你們這種破壞私人時間的舉動眞的打擾到我們了！」

「啊……，眞的很抱歉！」

熊太郎急忙衝到男性客人面前，誠惶誠恐的向客人道歉。幸好客人不再開口抱怨。

這對客人離開食堂後，貓太撿著紙炮拉開後散落一地的碎紙屑、忿忿不平的說道。

「什麼嘛！人家是好心祝福他們……」

熊太郎心有同感。無力的聳聳肩。

「原本以爲給客人驚喜，客人會感動不已……」

熊太郎又變得無所適從了。

「到底怎麼做才能使客人有幸福的感覺呢？」

使熊太郎感到煩惱的事不只這一件。

客人回塡的問卷調查裡有人寫著，「請不要做一些很刻意的服務。」

「我們家員工可是用心對待客人的呢！」

熊太郎對客人的反應感到意外。

員工現在很努力的爲客人的幸福著想，但客人卻如此的不領情、不了解員工的苦心。熊太郎頓時有些氣憤。

不過，仔細想想，的確有些服務方式讓人覺得太刻意了。

「這應該只是因爲表現生疏，過陣子大家熟練了之後，就不會有刻意的感覺了。」

然而過了一個月，問卷調查顯示了客人仍然沒有好回應。

於是熊太郎仔細觀察了員工對客人的態度，赫然注意到有一些本質上的問題存在。

「員工好像不是眞心在爲客人的幸福設想……」

現在的人事評價制度是以使客人幸福的表現能力來衡量工作績效，員工是被迫要做出使客人幸福的舉動，因此有些客人感受到的就是這種心不甘情不願的情緒。

「難怪有人會覺得這些服務很刻意。那要如何做才能使員工打從心裡關心客人、眞心爲客人的幸福著想呢……」

要怎麼做才能使員工不是爲了人事評價而刻意表現，而是眞心的爲客人幸福設想呢？熊太郎一愁莫展、無奈的思索著。

「還是想不到對策。不如先聽聽看員工的意見吧！」

熊太郎將員工集合到大廳、打算直接向每個員工詢問他的想法。

首先，熊太郎對一向態度冷淡的狐吉開口問話。

「你做得很好，我也很認同你的能力。但是，你看起來似乎不是打從心裡想為客人的幸福著想而做的。為什麼你無法真心的為客人的幸福設想呢？」

狐吉一臉輕蔑的表情、毫不思索就脫口而出。

「怎麼可能真心為客人設想呢？大家都是為了工作評價才努力做的，哪裡知道自己憑什麼理由一定要認真考量客人的幸福啊！」

果然是這麼一回事。

熊太郎的心被這毫不修飾的回應輕輕的刺了一下、眉頭緊蹙，狐吉不予理會的繼續說道。

「我們才想問社長，你是眞的在爲客人的幸福設想嗎？其實還不就是爲了公司的利益，才去顧慮客人的幸福？說穿了，你也只是在利用客人啊！這跟僞善有啥不一樣？」

不留情面的言詞讓熊太郎毫無招架的餘地。

「這，這是因爲……」

面對這一針見血的批判，此刻的熊太郎想不出反擊的話語。自己的確是爲了公司的利益才想使客人幸福的，因此被說成是僞善的表現也無可奈何。

狐吉的話令熊太郎啞口無言。

然而熊太郎並沒有太多的時間深入思考這個問題，公司的業績慢慢的回溫了。

即使是爲了人事評價而努力，但就行動上而言，員工也是自動自發的在爲客人的幸福設想。這樣賣力的工作景象在熊之湯度假旅館已消失數年了，如今命運的齒輪開始正向轉動。

原本減少的來客數漸漸的增加，旅館內朝氣蓬勃、愈來愈活絡。熊太郎清楚的感受到這一點一滴的改變。

「還有很多要改善的地方！」

如果從爲客人幸福設想的角度來思考事情的話，可以發現公司的運作機制還有很多可以改善的空間。

例如公司的文書資料。

某一次的幹部會議時，一如往常的，每個人的面前都放著一疊數十頁的資料。

這些龐大的資料與客人的幸福之間是否有關聯呢？

熊太郎的腦海裡浮現了一個問號。

「爲什麼幹部會議的資料每次都這麼厚一疊？」

「從以前到現在都是這樣的。」經營管理部長鶡子回答道。

「的確一直是這樣，但這一疊資料都是必需的嗎？難道沒有一些可有可無的資料？」

「不，每一部分都是必需的。」

鶡子不肯讓步的斷然回應。

眞的是如此嗎？

有些參考資料在會議時根本用不到，而且會議後大家也沒有認眞的翻看。儘管大家都沒看這些參考資料，也不會有任何影響。

熊太郎因此認爲這些資料的功能就好像只是做爲會議通過的在場證明。

事實上，鶵子常爲了做這些資料而熬夜工作。

然而這些資料並沒有爲任何人帶來幸福，因此這些資料其實是可以不用準備的吧!?

經過幾番思量，熊太郎向鶵子開口了。

「那些參考資料就算大家都沒有看過也沒有影響任何工作，所以從下次開始，你可以不用準備參考資料的部分了。」

聽到熊太郎的指示，鷂子露出不安的神情。

「啊……，那我應該做什麼呢？」

熊太郎終於察覺到鷂子其實是擔心自己的工作沒了，因此才強力主張所有的資料都是有用的。

如果是這樣，那就把別的工作派給她做就搞定了。

「鷂子，我希望你從現在開始想想看你能爲客人的幸福、或爲員工的幸福做些什麼！」

熊太郎要鷂子將製作資料的時間與精神拿來爲客人與員工的幸福盡一份力。

數週後，熊太郎在迴廊下叫住擦身而過的鶹子問道。

「最近狀況如何？」

「我做的很開心！我從來不知道做好自己份內的事居然可以得到大家的感謝。

「一直以來，我都必須去催促其他部門的人提出資料，而我就熬夜匯整資料。重複這些作業時，我其實感到有些心靈空虛。直到社長你要我爲了社員的幸福做事，我於是開始收集對員工有用的資料、整理後分發給員工。沒想到很多人來向我道謝，他們說這些資料對他們很有幫助。」

鶹子臉上掛著滿足愉悅的表情，我從來沒看過如此容光煥發的鶹子。

「原來是這樣啊！那太好了！」

看到鶵子的笑容，熊太郎腦海裡閃過一個念頭。

「公司裡一定還有與客人或員工幸福毫無關係的慣性作業。把這些沒什麼實質貢獻的作業廢除、將多出來的時間與勞力挪去開發對客人或員工幸福有貢獻的事，這不僅爲公司帶來利益、同時亦可提升員工的自我滿足度。」

熊太郎開始對自己的想法產生信心了。

接下來要著手的是廣告宣傳費的部分。

熊之湯度假旅館曾經因爲廣告策略的奏效而使得業績呈現倍數成長。在那個溫泉不普及的年代，熊之湯在女性雜誌裡刊登了溫泉度假的廣告，進而一炮而紅。

當時的成功經驗使得居功的宣傳部在公司享有相當的權限，近年來公司因營運不佳而數度進行成本削減，卻因礙於宣傳部的歷史地位，熊太郎始終無法刪減宣傳的廣告費。

熊太郎認爲廣告宣傳費與客人的幸福並沒有直接的關聯性。

客人回塡的問卷調查裡，在旅館利用理由欄裡圈選「雜誌廣告介紹」的客人是一年比一年少。另一方面，這一個多月來，圈選「朋友介紹」、「部落格介紹」的客人則是大幅增加。

果眞如此的話，與其把經費拿去刊登雜誌廣告，倒不如把經費挪去做爲使客人幸福的資金，藉此提高客人對熊之湯的滿意度以及客人介紹朋友來利用本館的可能性。

打定主意的熊太郎決定先停掉三個月的廣告宣傳，因此下令刪除了廣告宣傳經費。

此舉不但引起宣傳部的強烈反彈，就連業務部也發動反彈的聲浪。

「社長您到底怎麼打算的？現在的業績已經很吃緊了，如果停止廣告宣傳的話，就會沒有客人上門了啦！」

眞是這樣的嗎？

客人是因爲旅館有打廣告才來的嗎？沒有打廣告的話，客人就不會來了嗎？

如果眞是這樣，那麼熊之湯不就等於是沒有吸引力、沒有價值了嗎？

「有任何證據顯示沒有廣告客人就不會上門嗎？」

「雖然沒有什麼證據，但這是很明顯的後果嘛！」

與宣傳部長進行長達兩小時議論的熊太郎還是無法認同廣告的必

要性。

「員工的薪水跟其他的經費都已經減到不能再減了，剩下只有廣告宣傳經費可以挪用，我只好這麼做了！」

「社長您非要一意孤行的話，我也無話可說。但如果業績果眞因此驟減的話，請不要把責任推到我身上，這一切都是您自己的決定與責任！」

最後，熊太郎還是強力壓制了反對聲浪，就此停止三個月的廣告宣傳。

「我的判斷到底是對還是錯啊……」

熊太郎坐立難安。但是既然都已經做了決定，再擔心也於事無補。

熊太郎將原本的廣告宣傳經費挪去當做使客人幸福的投資，例如：進行露天風呂的改裝、添購舒適的客用棉被等。

接下來，熊太郎緊密的觀察著來客數的變化。

廣告剛停掉的第一個月裡，與去年同期比較起來，來客數減少了。於是廣告部長便不時的來挖苦熊太郎、一副幸災樂禍的嘴臉。熊太郎則是視而不見、無動於衷。

第二個月裡也沒出現什麼好成績。

但到第三個月時，來客數卻明顯的回升，甚至超越了去年同期的紀錄。

從客人回填的問卷調查裡發現，幾乎沒有任何看雜誌而來旅館的客人，但經由朋友介紹或部落格介紹而來的客人卻有明顯的增加趨勢。

「太好了！」

熊太郎撫拍著胸口、鬆了口氣。

與其投入大量的廣告宣傳費以開發新客源，倒不如將這筆資金運用在使來館客人幸福的作業上，藉此達到來客口耳相傳的宣傳效果。熊太郎這個大膽的想法果然奏效了！

熊之湯的業績順利的好轉了。因過勞而病倒的犬之介也在充分靜養後復職了。

現在周圍的一切似乎都朝著對的方向前進。

每當熊太郎在迴廊下與狐吉擦身而過時，總想起狐吉那句冷箭。

「說什麼是爲了客人的幸福著想，其實還不也是爲了公司的利益而利用客人？根本是僞善！」

不過，此時的熊太郎已經可以釋懷了。

「業績不就因此而改善了嗎？那有何不可呢？」

這天，熊太郎的桌上放著一疊客人回填的問卷調查。

雖然整體來說好評增加了，但當中也不時出現一些嚴厲的批判。

「服務員的笑容好假！」

「很客氣，但感受不到誠意！」

「看起來很認眞在服務我們，不過總覺得有些悲哀……」

「不太明白服務員的目的是什麼，感覺別有用心……」

此時的熊太郎正沉浸在獲得好評的喜悅之中，因此對這些批判並不是特別在意，也沒有深究批判背後的眞正原因。

有一天，藝人的喵咪子來到熊之湯溫泉度假旅館。

貓咪子常常在自己的部落格裡寫下餐廳或旅館的親身體驗或使用感想，貓咪子在記事裡給予好評的餐廳或旅館總是能因此招來客潮。

「這是個機會！我們要給她最棒的服務！」

熊太郎與員工挖空心思、大費周章的準備款待貓咪子，殷勤獻出最周到的服務。

然而住宿期間的喵咪子一副理所當然的驕傲態度、沒說半句感謝的話就離開了。

「呼……」

熊太郎掩飾不住心裡的失望。

旅館全員工爲了客人的幸福盡心盡力的做牛做馬，她卻連一句道謝都沒有。

「什麼嘛！藝人了不起啊!?」

「枉費我們這麼努力的做……」

員工臉上也掛著不甘願的表情。

「可惡！我們那麼用心服務，她怎麼都無動於衷啊!?」

熊太郎怒火中燒。

此時，他也注意到自己有種白費工夫的感受。

「爲什麼我有這種白費工夫的失落感呢……」

又有一天，穿過迴廊的態太郎被客人叫住了。

「請問，需要什麼服務呢？」

「你們送餐的豬太又把點菜單寫錯了、又忘了送來我們點的菜，你們這樣對客人還無所謂嗎？」

「眞的很抱歉，我們一定會對豬太嚴加訓練！」

又是豬太!?這個月已經是第三次了……

熊太郎嘆了一口氣。

豬太總是笑臉迎人、待人親切，但做事的要領卻很差。

熊太郎也曾把豬太放在裁員的候補名單裡，也曾數度暗示豬太申請自願退職，但豬太本人絲毫沒有察覺，熊太郎也只好做罷。

生氣的熊太郎把豬太叫來、狠狠的叱責一頓。

「眞是的！到底要我說幾次你才記得住啊？你眞是沒用！」

「對不起……」

豬太退下後，熊太郎還是無法壓制住自己不耐煩的情緒。

其實，令熊太郎感到不耐煩的並不只是豬太的遲鈍，還有自身的矛盾。因爲他明明一直鼓吹企業活動的目的是使人幸福，但現在卻又責備待人親切的豬太。

當天晚上，熊太郎不經意的看到競爭對手的洋熊度假飯店的網頁，吃了一驚。

熊之湯在縣內是第一個導入主題觀光與溫泉結合套裝行程的旅館業者，而現在洋熊也推出雷同的套裝行程。

「可惡的洋熊！居然偷我們的創意！」

熊太郎的血液直衝腦部、壓制不住憤怒的打電話給洋熊的社長表示抗議。

「這是怎麼回事？縣內主題觀光與溫泉結合套裝行程是我們先開始的！」

「熊太郎那是您的說法。我們從以前開始就有在檢討同樣的企畫案。雖然你們比我們先執行，但我們推出的方案可是我們自己獨創的！」

諸如此類的創意並沒有專利保護，熊太郎雖然心有不甘，但也只好認了。

熊太郎感覺到自身有些微妙的差異感。

的確，現在旅館的狀況與數年前的光景是天差地別。

以前員工根本不用心工作、公司死氣沉沉。現在營業利潤有了，員工也變得有活力、主動關心客人、使客人放心享受度假的幸福。

但是，當客人不覺得感動、員工的表現不如預期、創意被同業模仿等狀況發生時，憤怒的情緒就被挑起來了。

熊太郎很不喜歡這樣的自己。

原本以為營業狀況改善後，自己就能每天以快樂的心情來經營公司。但實際情形是，業績好轉了，但自己卻對無法稱心如意的現狀心生不滿。

「總覺得自己還有更上一層樓的努力空間……」

然而，工作依然堆積如山的熊太郎並沒有多餘的時間深究自己感覺到的微妙差異到底是什麼。

第四章：真正重要的事

熊之湯度假旅館的業績順利的成長中，現有的資金也相當充裕。

熊太郎將社長室改裝一番，原本老舊的沙發換成了高級沙發、牆上也加掛了一幅名畫。

「嗯，努力終於有了代價。」

熊太郎沉浸在優越感裡。

有一天，證券公司突然來訪，帶來一個驚人的消息。

競爭對手的洋熊度假飯店陷入業績不振的窘狀，現在是收購的好時機。

根據證券公司的說法，現在的經營團隊與創辦人之間起了糾紛，退出經營的創辦人因此想將手上的持股出售，條件是必須能有個合理的價錢。

創辦人所持有的股份佔了六〇%，加上金融機關的持股，收購者總共可取得超過三分之二的股份。

證券公司願意代爲處理資金調度的問題。

洋熊度假飯店的溫泉以景觀出色聞名，客人能一邊泡溫泉、一邊眺望美景。熊太郎曾經相當羨慕洋熊擁有如此占盡地利優勢的溫泉，因此認爲這是一個絕佳的機會。

「洋熊的經營團隊會同意被收購嗎？」

熊太郎露出狐疑的神情向證券公司代表問道。

「這是大股東提出的交易，經營團隊恐怕不會同意。」

「是喔？如果經營團隊不同意的話，那很可能會引起反彈……」

熊太郎雖然有所猶豫，但仍認爲這是一個打敗洋熊的好機會，因此做了願意積極檢討的回應。於是證券公司代表向熊太郎說明了一種稱爲ＬＢＯ（Leveraged Buyout）的槓桿收購手法——就是以抵押洋熊飯店的方式向銀行借收購用的資金。

「這是指讓出洋熊飯店的資產以換取資金的意思嗎？」

「洋熊與收益性低的熊之湯合併後所產生的協同效應期待性低，因此將洋熊設定爲讓渡抵押標的物。」

證券公司代表輕描淡寫的解釋慣有的資產處分方式。

「原來如此。那就麻煩您了！」

「請放心交給我們吧！」

熊之湯與洋熊創辦人進行股權移轉交易的事一傳開來，洋熊度假飯店經營團隊的反彈氣焰比預期還要強烈。

熊太郎試圖說服洋熊經營團隊，但兩方的意見始終呈現兩條平行線的狀態。

熊太郎放棄遊說的念頭，在沒有取得洋熊經營團隊的同意之下，與洋熊創辦人簽訂了股權收購契約。

隨後熊太郎以洋熊大股東的身分召開臨時股東會議，解除了原經營團隊的職務。

「如果這些人爽快的接受我的遊說，今天就不會遭到解職處分了……

……」

挾著收服洋熊度假飯店的凌人氣勢，熊之湯度假旅館的業績一鼓作氣的翻長了一倍。

「現在我們是縣内第一了！」

熊太郎對於成功併購洋熊一事感到相當滿意。

「接下來的對手就是鄰縣的猩之湯了！」

鄰縣的「猩之湯度假旅館」不但業績傲視群雄，同時亦高居全國人氣度假旅館排行的首位。

熊太郎非常希望能超越猩之湯。這次的併購雖然使公司業績大幅成長、逼近猩之湯的營收水位，但在人氣排行上卻差了一截。

「怎麼做才能超越猩之湯呢？」

不知道從什麼時候開始，熊太郎的腦裡盡是提高獲利、打敗猩之湯的念頭，早已忘了利益與客人幸福的對價關係。

兩個月過後的某一天，二十個洋熊飯店的舊員工突然一齊遞出了職呈。

「喔？自動離職……」

剛收到通知時，熊太郎雖然有點驚訝，但驚訝的情緒很快消退，取而代之的是心情的放鬆。

洋熊的薪資水位要比熊之湯來得高，熊太郎的減薪政策是迫使洋熊舊員工集體離職的要因。

「人手不足的部分可雇用臨時人員頂替，如此一來，人事成本就大幅刪減了！」

在業績順利成長之際，熊太郎在不知不覺間被獲利的滋味迷惑了，他把員工的存在視為成本支出。

就在這時候，慘痛的事故發生了！

熊之湯旅館的火災警報器突然鈴聲大作，熊熊的烈火燒起來了！

「鈴鈴鈴鈴……」

連續幾天的晴空烈日使得空氣乾燥、又正值強風狂吹的時期，火勢分秒不讓的瞬間擴散蔓延。

熊太郎收到急報，從外面趕回來旅館時，熊之湯已陷入一片火海之中，回天乏術。

「有來不及逃出來的人嗎!?」

不幸中的大幸，火災發生在客人退房之後，當時已幾乎沒有客人留在旅館裡。

熊太郎心裡祈禱著，希望大家能平安無事。

「糟了！有一個小朋友還留在大廳！」

「什麼!?」

有個看起來是年輕媽媽的女性步履踉蹌的走過來向熊太郎苦苦哀求著。

「拜託你們！救救我女兒……」

旅館的入口被熊熊的火燄包圍著，焦急萬分的熊太郎也只能狼狽的向旁人催問道。

「消防車還沒到嗎？」

就在這時候，有個人影迅速的衝進入口的火裡。

「豬太！」

老是錯誤百出的豬太居然縱身跳入兇猛的火燄中，簡直是自殺行爲啊！

無法理智的計算豬太到底進去了多久，熊太郎只覺得一分鐘就像一小時那麼長，萬般煎熬。

「拜託……一定要平安回來！」

在場的人無不心焦如焚、屏神以待。

還不回來……難道不行了？……。正當大伙再也按捺不住這個念頭時，豬太抱著孩子從火勢裡竄了出來。

「豬太……你還好嗎!?」

「小朋友沒事……」

說完這句話，豬太就倒了下去、不省人事。

「豬太！！」

仔細一看，豬大的背後大量出血，應該是用身子護住小孩時被某物體傷到的。

消防車與救護車終於來了。

「要振作啊！豬太……」

熊太郎很想一同前往醫院，但身爲社長的他此刻無法離開現場，於是他要祕書貓丸坐上救護車代他去醫院。

熊太郎目送豬太與小朋友雙雙被救護車送走，心裡想著，小孩意識清楚，應該沒事，但豬太呢？熊太郎不住的祈禱豬太平安無事。

現場的消防人員奮力撲滅火焰，火勢大致已被控制住。

熊太郎於再度確認無人傷亡後，焦急的奔向醫院。

「拜託！你一定要平安活著！」

抵達醫院時，祕書貓丸一臉愁容的坐在病房前等著。

「狀況怎麼樣？」

「小朋友沒事。但豬太還沒有醒過來……」

「豬太……」

一名女護士走向驚惶狼狽的熊太郎。

「您是社長嗎？」

「是的……」

女護士熱淚盈眶、聲音略微顫抖。

「豬太曾經一度有些意識，那時他反覆的說著一句話。我想把這句話告訴您……」

「請您一定要告訴我豬太說了什麼！」

「豬太在意識模糊時，嘴裡不停的念著『社長，客人很平安』…

……。他眞是一位優秀的員工啊……」

想到自己曾經對豬太說「你眞是沒用」，熊太郎羞恥的垂下頭，心裡後悔的不得了。

「我居然只從有沒有利用價值、是否對利益有貢獻的角度來看豬太，根本沒看到豬太那顆善良勤勉的心……」

熊太郎眞心的向上天祈求。

「拜託您讓豬太醒過來！如果豬太就這麼走了，那我連向他道歉的機會都沒有……」

等了幾個小時，豬太還是沒有醒來。

但總不能一直在醫院等，旅館還有很多事需要熊太郎去處理，熊太郎只好先回旅館。

看到灰飛煙滅、人事已非的旅館，熊太郎呆住了。

熊之湯旅館是熊太郎從出生到長大的住處，所有的成長回憶都塵封於此。加上豬太事件的打擊，熊太郎的腦袋一片空白。

「什麼都沒有了……」

爲什麼會變成這樣呢？

爲什麼我活該要遇到這些倒楣的事？

我努力建立的事業到哪去了？

這些思緒在熊太郎的腦海裡奔走。

「已經不行了……沒辦法再站起來了……」

熊太郎茫然的呆立在化爲灰燼的旅館前。

此時，手機突然響了。是祕書貓丸從醫院打來的。

「豬太醒過來了！」

「眞的嗎!?」

熊太郎急忙趕到醫院去。

病房裡的豬太全身包著繃帶。熊太郎奔到病床前。

「豬太，你沒事吧!?爲什麼要做這麼冒險的事?」

「我也不知道，是身體自己動起來的……」

豬太氣若游絲、小聲的回答。

「你沒事眞的太好了！還有我……」

熊太郎握住豬太的手。

「我說了那麼過分的話，眞的很抱歉……」

「不不，我很感謝社長……」

感謝我？

我說了那麼過分的話，豬太怎麼會感謝我呢？

熊太郎一時無法理解豬太的意思，豬太就開口說道。

「我一直在犯錯，而社長你不是一直原諒我、一直教導我嗎？」

豬太說完後、臉上掛著笑容沉沉睡去。

看到豬太又閉上雙眼時，熊太郎背脊涼了起來，深怕豬太有事。聽到豬太打呼的聲音後，一顆心才放了下來。

「眞的沒事了！」

坐在醫院的等待室裡，熊太郎虔誠的感謝上天。

但沒多久，熊太郎立刻被拉回現實。

熊之湯旅館整個燒燬了，雖然還有個洋熊飯店，不至於走投無路，但今後的路要怎麼走呢？

熊太郎一點自信也沒有，他的心似乎迷失了方向。

這時，犬之介來到了醫院。

看到失魂落魄的熊太郎，犬之介開口說道。

「社長，其實狀況還不錯啊……」

還不錯？怎麼可能？

熊太郎無法理解犬之介在說什麼。

看到熊太郎訝異的表情，犬之介平靜的說道。

「豬太已經醒過來了，員工也都平安無事。員工都沒事的話，要重建旅館也不是不可能的。再怎麼說，我們也曾經從面臨倒閉的谷底爬上來了，不是嗎？」

的確，熊之湯付之一炬是很大的損失，但與當時面臨倒閉危機的困境比起來，還有洋熊飯店的現在或許還好些。

「沒錯，你說得對！」

熊太郎的臉頓時有了生氣。

「好！要振作！」

隔天，熊太郎在洋熊飯店內集合所有的員工。

「熊之湯旅館付之一炬是一件遺憾的事，幸好大家都平安無事。大家一起爲重建熊之湯而努力吧！」

在熊太郎的號召下，旅館的重建工程啓動了。

然而重建旅館需要很多資金，熊太郎想起數年前的資金周轉困境宛如地獄一般，他不禁憂鬱了起來。

「又要過著爲資金奔走的日子……」

結果竟然出乎熊太郎的預料之外。由於先前熊之湯度假旅館已脫胎換骨成爲能創造出利益的企業體，不少銀行都表示願意借出重建熊之湯的資金。

加上火災保險的賠償，熊太郎很快的籌足了旅館的重建資金。

半年後，新旅館建設完成了。

熊太郎在新熊之湯旅館的大廳裡召集全體員工。

「多虧有大家的努力，就在今天，浴火重生的熊之湯旅館要有個新的開始！感謝大家！大家眞的都做得很好！」

熊太郎滿面欣喜的慰勞員工。

「現在開始大浴場的注湯儀式吧！」

剛建好的大浴場美觀氣派，溫泉流暢的注滿整個浴池。

熊太郎眼眶濕潤的看著眼前的光景。

「光是能泡在這樣的溫泉裡、掬起一口湯，就是件值得感恩的事了……」

當這個想法在腦海裡閃過時，熊太郎感覺到全身就像有電流通過似的清醒了。

「對！就是這樣！

「先前業績順利成長時，我漸漸忘了要心懷感激，變得傲慢自負。所以才對豬太說了那麼過分的話……」

熊太郎仰頭望著天空，喃喃自語。

「我錯以爲是靠自己的力量使公司由虧轉盈的，其實如果只有我一個人，那什麼也做不成……」

有了這種想法的熊太郎開始愛惜身邊的人事物。

「旅館能擁有優質溫泉、有水電瓦斯、有美味食材的供應、有員工願意努力的工作，這些都不是理所當然的事。」

原本視爲理所當然的事物，其實並不是理所當然的。

對熊太郎來說，這是個非常有意義的省悟。

「的確，如果沒有這次的火災，或許我就不會注意到自己早已沒有感恩的心。或許正如犬之介所說的，這次火災的發生並非全然是壞事。」

自此之後，對熊太郎來說，每一天都是由感謝串連而成的。

吃得飽、穿得暖、睡得安穩、工作安定……，在在都是值得感謝的事。

因火災而失去一切的熊太郎這才發現，原本以爲理所當然的一切，其實都是可貴的、值得珍惜的一切。

「眞是太感謝了……」

熊太郎打從心裡這樣想。

「以前從來沒有發現自己是如此的蒙神眷顧。以前的我總是只注意到自己欠缺什麼，從不懂得珍惜自己擁有的事物。其實自己擁有的事物比欠缺的事物要來得多呢……」

熊太郎一直以爲幸福是要靠追求外在的事物來達成的，因此，自己才會感到不滿、汲汲追求更多的事物，結果使自己陷入不安與憂鬱的五里霧。

然而事實是，幸福並不是向外尋求才有的，幸福是在自己的心裡。幸福的泉源就在自己的周圍，而是否能感受到幸福，就在於是否有感謝的意識。

於是，只要懷著一顆感謝的心，就能導正對待身邊所有事物的方式。

首先，對待客人的想法改變了。

有一天，來了一個比之前的貓咪子更無禮的客人。員工以最誠摯的心接待這位客人，不要說是感謝，這位客人可是連一個笑容都沒有。

不但如此，這位客人總是一臉不悅的抱怨個不停。

「這什麼旅館啊!?聽說服務很好，我才特地長途跋涉來到這裡，結果根本不怎麼樣嘛！」

以前的熊太郎要是聽到這番話，一定怒火中燒、憤怒不已。

然而對現在的熊太郎來說，客人能來光臨就是很賞臉的事了。

即使客人對旅館的服務沒有半句感謝，熊太郎也不會有任何不滿。

客人的光臨就是值得感恩的事。

至於對於客人是否有被我們的服務感動這點，我們是不該有怨言的。

客人願意來、給我們機會，這就是值得感謝的事。

熊太郎對待員工的方式也改變了。

一直以來，熊太郎間接的把員工當作獲取利益的工具。

然而現在，熊太郎的心裡充滿了對員工的感謝。

如果沒有大家的話，就沒有現在的自己和公司。這樣的想法讓自己只存有感謝的心情。

「眞的很感謝大家！這都是大家的功勞……」

對員工充滿感謝的這份心意會自然而然的傳入員工的心裡，員工也因此而懷有舒適的心情工作。熊太郎打從心底認爲，公司不但要使客人幸福，同時公司也應該使員工幸福。

熊太郎對於所收購的洋熊飯店舊員工也一樣的心懷感謝，結果收購者與被收購者之間的那道牆漸漸的消失了。原本失去幹勁的洋熊舊員工也變得賣力工作，洋熊的營收也因此而改善許多。

熊太郎也很少再怒斥犯錯的員工。他認爲員工能認眞做事就是一件值得誇讚的事。

「我要是能更早一點注意到要感恩，就不會對豬太說出那麼過分的話了……」

熊太郎對自己向豬太所說的話感到悔恨不已，但同時他心裡也湧出對豬太的無限感謝。

接著，熊太郎對待競爭對手的方式也改變了。

熊太郎不再在意自己的創意被模仿，他反而認爲，如果創意被模仿可以活絡地方全體的經濟，那也沒什麼不好。

對於收購洋熊飯店的熊之湯旅館來說，縣內已沒有稱得上是競爭對手的旅館了。當地旅館業的多樣性也因此而有減損。

熊太郎於是派遣旗下的員工到希望獲得協助的飯店或旅館，傳授他們經營旅館的經驗與技巧。

「熊太郎，感謝你的指導！」

「托你的福，現在員工都很用心的工作，而客人也很滿意我們的服務呢！」

「我們旅館提供了這樣的服務，結果客人很開心呢！你們熊之湯也試試看吧！」

熊太郎率先將自己的知識與經驗技巧與周圍分享，感動了周圍的人，接著大家都願意互相交流、分享資訊，使得縣內各區域充滿活力、生氣十足。

結果，來到當地的觀光客大幅增加，熊之湯度假飯店的營收也更上一層樓。

以謙虛的態度與感謝的心去對待身邊的人事物，客人、員工、競爭對手、生活環境，甚至是地球環境等，都是感謝的對象。

進一步的會發現，溫泉水的排放水及廢物等都是自己應該重視的問題，認眞的思考自己是否使上天恩賜的自然環境增加負擔了。

熊之湯從以前就有實行環境保護對策，例如，盡量使用再生紙、力行垃圾分類等。

但那時的熊太郎只把環境保護當作是義務，因此相當計較環保對策的花費及好處，總是把與自身沒有直接利害關係的環保活動推到一旁。

然而現在的熊太郎對周圍事物都抱著一顆感謝的心，自發性的驅動自己去從事保護環境的工作。他認爲自己是大自然的一份子，環境問題就是自身的問題。

破壞環境就等於是在破壞自己。

抱持這種心甘情願的想法，環保活動的執行變得一點也不辛苦。這個正向思考的結果，不但使旅館節省了不必要的能源浪費，提升了資源回收效率，同時處理垃圾的費用也大幅減少了。

熊太郎對於周圍的變化感到相當驚訝。

其實不是周圍改變了，而是熊太郎的意念改變了。

而這也不是很困難的改變，只是要自己隨時心存感謝的意念。

這個意念的改變，連帶的改變了自己對事物的看法。

以前雖然知道要使客人幸福，但心裡只是認爲使客人幸福是對自己有利的事，只把這當作是從客人身上獲取利益的手段。

因此當客人並沒有像自己期待的那麼感動時，心裡就燃起憤怒的情緒。

對待員工也是如此。

嘴裡說著要使員工幸福，實際上卻只把員工當作賺取利益的工具。當時的熊太郎心裡想的是，使員工幸福就能提高他們的工作意願、爲公司貢獻更多，進而增加獲利。

因此對工作表現不好的豬太感到不耐煩。

然而當熊太郎心懷感謝的看世界時，想法即有一百八十度大轉變。

他不再是爲了公司的利益才想著要使客人或員工幸福，而是因爲心存感謝、眞心的爲客人或員工著想。

因此，熊太郎也不再因爲對方的反應不如預期而心生不滿。

「『感謝』眞是太美妙了！」

熊太郎的心已深深的浸透在感謝裡。

其實打從熊太郎小時候，父母就常告訴他要「對身邊的一切都要心存感謝」，但他從來都不知道原來「感謝」的力量如此驚人。

「嗯，以後我一定要對身邊的一切心存感謝，每天都要開心、努力的工作！」

心懷感謝時，自然而然的就會爲員工與客人的幸福克盡己力，而與客人幸福有對價關係的公司利益將因此增加。

事實也證明的確如此，懷著感謝的心洽談生意時，一切都能順利進行。

「爲了實現我心目中的理想企業活動，我要心懷感謝的面對一切事物。」

有了這層體認的熊太郎在心裡起誓，絕對不能忘了感謝的心。

然而，這個誓言卻很快的破功了。

隔天，旅行雜誌的編輯來採訪。

這家旅行雜誌社上個月剛發行了猩之湯的特集。很想超越猩之湯的熊太郎為了使雜誌編輯能為自己做一篇完美的報導，精心預備了熊之湯的頂級招待。

不幸的是，代替豬太運送膳食的豬之助居然在這重要的採訪期間出錯了。

「你看你幹了什麼好事！這麼重要的時刻都被你毀了！」

失去理智怒吼豬之助的熊太郎一時愣住了。

非常後悔怒罵豬太、誓言要以感謝的心對待員工的熊太郎，居然又把怒氣發洩在豬之助身上了。

其實豬之助並不是故意的，而且他也是很努力的在做尚未習慣的工作。豬之助是因爲過度緊張而出錯的。

熊太郎明白豬之助的狀況，同時他也知道應該對豬之助的努力心懷感謝，而不是怒罵。責備與怒罵是不同的。社長雖然有責備員工的權利，但情緒失控的怒罵是不應該的。

熊太郎心裡很清楚這些道理，但仍遏止不住自己的不耐與怒氣。

看見雜誌記者的表情蒙上了一層陰影，熊太郎更焦急了。

「無論如何要盡力補救才是……」

但熊太郎的焦急似乎傳染開了，其他的員工也因爲緊張而頻頻出錯。

熊太郎因此更是煩躁的想踢牆。

「氣死了！爲什麼不能像平常一樣順利啊！」

結果，雜誌記者在沒有看到熊之湯的優點下鎩羽而歸。

「啊……到底在幹什麼啊！」

熊太郎陷入自我嫌惡的情緒裡。

並不只是因爲沒有在記者面前表現出好的一面，熊太郎是對誓言要心存感謝、但遇到事情卻將感謝之心拋在一旁的自己感到生氣。

「我明明很了解感謝的重要性，但爲什麼實際行動時卻一點也沒有顧慮到對方的立場……」

熊太郎對腦袋裡的想法與實際行動無法一致的自己感到很苦惱。

「怎樣才能在行動時不會忘了感謝的心情呢？

「如果自己可以眞正本於感謝的面對一切事物，那麼工作也就能順利進行……」

有一天，出院後一直在家休養的豬太在公司現身了。

「豬太，好久不見！」

「傷勢不要緊了嗎？」

「我們都在等你回來一起工作！」

大家你一言我一語、開心的跟豬太打招呼。

豬太臉上依然掛著不變的笑容，對熊太郎來說，豬太的笑容非常耀眼。

豬太來到了熊太郎面前。

「這段日子給您添麻煩了。今天開始容我再爲公司效勞。」

熊太郎想起在醫院病房與豬太的對話，眼眶熱了起來。

「豬太！你能回來工作，眞的太好了！謝謝你對公司的忠心。」

「我才要謝謝社長的照顧呢！」

熊太郎看著豬太燦爛的笑容，心裡突然有種羨慕的感覺。

這就是熊太郎一直想追求的，總是面帶微笑、不忘感謝之心的自我。

在這瞬間，熊太郎注意到了。原來豬太擁有自己一直想追求的感恩之心。

熊太郎突然想跟豬太說說話。

「豬太，你來社長室一下。」

豬太一進入社長室，熊太郎就迫不及待的向他低下頭道謝。

「豬太，我眞的對你感到很抱歉，同時我也是眞心的感謝你。不只是因爲你不顧性命的救了客人，而是因爲你讓我注意到很多重要的事。眞的謝謝你！」

「啊……謝謝社長……」

豬太靦腆的笑了。

接著，熊太郎決定單刀直入的提出自己的疑問。

「爲什麼你一直都能有這樣溫暖的笑容？就算是對著曾經怒罵你的我，你也還能心存感謝呢？」

豬太雖然對這突然的疑問感到困惑，但他還是用心想了一下，說出他的想法。

「其實，我在學生時期曾經大病一場，差一點就連命都沒了。當時醫生也放棄我了，但之後我卻奇蹟似的康復。我認爲是周圍的人給我力量，我才能活下來。因此，我覺得只要能好好活著，我就很幸福了。我能有工作做，也是很幸福的。」

「活著就是一件幸福的事？……」

熊太郎低頭反芻著豬太的話。

此時，熊太郎突然想起熊之湯重新開幕那天，旅館的大浴池裡放滿溫泉時，自己那種有如電流通過全身的感動。

那時的想法是，溫泉的湧現就是一件令人欣慰的事。

平常視爲理所當然的事絕非眞的理所當然，光是自己能活著，就應該要心存感謝。

「豬太眞是個値得學習的對象……」

熊太郎喃喃自語。

熊太郎突然想到要讓豬太能將他的優點運用在工作上，想讓豬太做他擅長的工作。

「豬太，你好不容易才回來上班，不如就藉這個機會，試試看別的工作吧！你有沒有特別想要嘗試的工作呢？」

「啊……但是…我……那個……」

豬太躊躇不已、似乎不太敢說。

「不要客氣，你說說看你的想法吧！」

在熊太郎的催促下，豬太難爲情的開口了。

「其實，我知道自己是不自量力，但我一直很想試試管家的工作……」

「管家啊……」

熊太郎露出困惑的神情。

旅館管家的工作是專門負責招待附有露天風呂之高級客室或蜜月套房的重要客人，因此管家可以說是旅館的重要人際樞紐。

熊太郎擔心工作頻頻出錯的豬太無法勝任重要的旅館管家一職，但他又想盡可能的達成豬太的心願。

「對不起，我不該自不量力，請您忘了我的要求。」

豬太察覺到熊太郎的心情，驚慌的打消念頭。

「不不，倒不是不行。讓我考慮一下……」

豬太離開社長室後，熊太郎繼續思索著是否要讓豬太擔任管家的職務。

不只是這件事，熊太郎在與豬太的對話中又發現很多值得思考的事。

熊太郎想整理一下思緒，於是他散步到旅館中庭。

「豬太跟我，誰比較幸福呢？」

熊太郎一臉茫然的自言自語。

豬太一直都心懷感謝，認爲自己能活著就很幸福。

我雖然也知道要心懷感謝，但遇到事情時就忘了感謝的重要性。

爲什麼豬太做得到，我卻做不到呢？

是因爲經營者跟員工的立場不同嗎？但我又覺得這似乎不是主因。

「如果能想出我跟豬太不同的原因在哪，我就能更幸福的生活、更開心的工作了……」

熊太郎若有所思的凝視著旅館中庭的花草。

第五章：生意的真諦

「怎麼做才能像豬太那樣無論在任何時刻、任何場合都能心懷感謝呢……」

熊太郎一邊思索著，一邊繞著中庭來回踱步。

當他回神時才發現夕陽西斜，天空是一片如成熟水蜜桃般水亮的橘紅。

「今天的夕陽眞美……」

夕陽餘暉溫和的包圍著熊之湯旅館的一草一木。枝繁葉茂的大樹、色彩鮮豔的花草、不絕於耳的鳥叫、蟲鳴，一切是這麼的調合、如此的美妙。

「這種感覺眞舒服……」

熊太郎不由自主的感念起大自然的恩惠。

「大自然本身就是上天恩賜的奇蹟，萬物之間是這般和諧的存在。

「一草一木、一鳥一蟲，大家各司其職、和平共存……」

熊太郎突然想到自己總是在意競爭對手的一舉一動、比較與競爭使自己常陷入一喜一憂的情緒起伏，這似乎有違天地萬物共存的自然法則。

「自然界的動植物是不會互相比較誰好誰壞的。爲什麼身爲人類的我們卻總是互相比較、陷入無止境的競爭呢？」

此時熊太郎的腦海裡瞬間浮現了豬太的臉。

「難道說我跟豬太的差異點就是在這點。豬太不會跟其他人比較或競爭，因此才能對任何人事物都心存感謝。但我心裡總是有著不想輸給狸之湯的念頭，因此無法克制焦躁、憤怒的情緒……」

熊太郎似乎對自己的內心有了更深一層的理解。

「問題不在於狸之湯。追根究底的來說，我不想輸給狸之湯的原因，其實是因爲我不想輸給商學院的同窗。我想讓大家知道，跟金融機關或創投企業的同學比起來，我的人生才是更成功的。所以我才處心積慮的想贏過狸之湯。因此當事情無法如我所願的進行時，心裡的感謝不復存在，取而代之的是不滿、焦燥的情緒，不但傷害了別人，同時也傷了自己、使幸福遠離……」

如果能從與他人競爭或比較的欲望裡徹底解放，我們就能得到心靈的平靜；無論面對任何人事物，我們都能心懷感謝、創造幸福人生。

「但是……」

熊太郎在大自然裡領悟了眞理，但他卻無法敞開心胸坦然接受。一直在競爭社會裡打滾的熊太郎對這個「不要競爭」的想法起了自然抗拒的生理反應。

以前熊太郎之所以會拚命用功取得MBA學位，也是因爲想成爲人生的成功者。他希望使熊之湯成爲日本第一的度假旅館、打入國際市場；他希望自己成爲度假旅館業界的頂尖人物、接受電視訪問、變成有名氣的人；他希望變成有錢人、住豪宅，過著被人羨慕、被人吹捧的日子。

對於充滿夢想、以成功爲目標的熊太郎而言，不要競爭的念頭與逃避的念頭根本是一樣的。

「我明白不要競爭的念頭才能使自己幸福，但我不想逃避啊……」

熊太郎清楚意識到，自己的內心正掙扎於新領悟到的眞理，與一直以來激勵自己力爭上游的價值觀之間。

在熊太郎處於矛盾糾葛之際，夕陽從明亮的橘紅色轉爲熟番茄的深紅色，一陣沁涼的微風迎面吹來，熊太郎深深的吸了口氣，似乎嗅到了一股微甜的幸福感。

就在這瞬間，熊太郎注意到一件重要的事。

「現在嘗到的幸福感是不需要花任何金錢就能得到的。難道說，眞正的幸福並不是用金錢換來的？」

熊太郎發現自己一直以來的價值觀似乎正在瓦解。

「我是眞的很想成功嗎？成功是我眞正的目的嗎？還是說，我的目的其實是要使自己以及所愛的人得到幸福？

「我一直以爲成功就能使人幸福，但眼前的例子卻是，捧著金飯碗、有高收入的虎之助似乎並不幸福。所以說，成功並非幸福的必要條件，反而可能是幸福的羈絆。以成功爲目標而與人競爭時，感謝的心情消失了、幸福也遠離了。因此，我們根本沒有必要把成功當作人生的目標嘛！」

這個突如其來的感觸使得熊太郎原本緊繃的神經瞬間完全放鬆了。

夕陽餘暉下的樹木、花草、鳥兒、小蟲，全都閃耀著自然的光芒。

「大自然的一切各自有各自的優點，不會相互比較！」

熊太郎突然覺得自己彷彿與自然化爲一體，他細細品嘗著這種不可思議的感覺。

「嗯，身爲自然界中的一份子，我要做的並不是與他人比較或競爭，而是應該使自己變得更好，自我成長才是我的人生目標！」

熊太郎終於注意到，不與他人競爭並不等於是逃避。

人生的目的並不在與他人比較誰勝誰負，而是要爲戰勝昨天的自己而努力。

戰勝他人所得到的是一時的優越感，但與競爭對手之間很可能就產生妒忌與仇恨的情感。

另一方面，戰勝自己時並不會傷害到任何人。如果大家都以戰勝自己爲目標，大家都能活得光輝、活得精采。

熊太郎在領悟到這個眞理的同時，亦將自己從競爭的束縛裡解放。

熊太郎從沉思中醒過來時，黑夜已降臨、只剩路燈照著中庭小徑。

熊太郎推算自己已經花了一個多小時思考剛剛的問題，但意猶未盡的他決定再把另一個問題想清楚。熊太郎仍煩惱著是否要讓豬太出任管家的職務。

「豬太的確有顆善解人意的心，他應該不至於在重要的客人面前頻頻犯錯吧……」

熊太郎做了個深呼吸、舒展雙臂抬頭仰望，朦朧月光柔和的照亮幽暗的夜空。

「好美的半邊月……」

看著明月，熊太郎突然想起一句古諺——「天地萬物都有陰陽兩面」。

「今天的半邊月正好是象徵著半邊陰、半邊陽的現象。」

熊太郎若有所思的望著月亮。

「現在看得見的半邊，是太陽照射月球的部分。但半個月以後，受太陽照射的部分是現在看不見的那半邊。也就是說，原本是陰的部分，在半個月後會變成陽；原本是陽的部分，在半個月後會變成陰。所以說，月亮的陰陽兩面是因太陽光照射與否而造成的……」

熊太郎發覺自己居然想到這些看似脫離現實的論調，一時之間有點不知所措。

「陰與陽……」

熊太郎腦海裡靈光一閃。

「所有的事物都有陰陽兩面，而陰面與陽面的形成取決於光線照射的角度。說不定，這個現象也適用在我們身上？」

此時，豬大的臉浮現在熊太郎眼前。

「豬太有慢工出細活、注重細節的工作習性。而料理運送服務是一份以動作要快爲訴求的工作，因此，跟不上速度的豬太才會頻頻出錯。

「豬太這種因顧慮多而速度緩慢的工作習性，換個角度來看，就是注重細節、瞻前顧後的工作習性。一個人的缺點若從另一個角度來看，可能會變成優點！」

對於自己能把萬物陰陽的通則應用在人類的特性上，熊太郎感到豁然開朗。

「也就是說，如果讓豬太擔任專門接待重要客人的高級管家職位，以他注重細節、穩重可靠的工作態度，應該能得到高階客層的認同吧！」

熊太郎終於想通了。不只是豬太，所有員工的缺點都可能因觀察角度的不同而變成優點。

於是，熊太郎馬上將豬太調去擔任接待要客的高級管家一職。

自從變成高級接待後，豬太簡直是如魚得水，他細心體貼、處處爲客人著想的工作態度深深抓住客人的心。

豬太在工作上的成長可謂一鳴驚人。

「這次的住宿，我希望是你們家的豬太來當我的管家……」

指名要豬太的客人開始增加了。

以前錯誤百出的豬太，如此搖身一變，成爲熊之湯度假旅館的首席接待。

不只豬太，熊太郎也依其他員工的習性重新分配適合他們的職務，大家的工作表現都有大幅改善。

熊太郎以前只看到員工的缺點。其實任何人都有缺點，而缺點則會因角度或立場的不同而變成優點。

熊太郎能注意到這點是因爲他對豬太心懷感謝，因此從不同的角度來爲豬太設想。

「原來心存感謝才能注意到人事物美好的一面。我以前沒有試著去了解員工的全部，因此沒有給員工機會去發揮他們的優點。現在的改變眞是太美妙了！」

不只是員工的事。所有的事件、失敗、挫折等，乍看之下是很糟糕的狀況，但其實背後總有好的一面等待肯振作的人去發掘。

「如果一直沉浸在失敗的情緒之中，只會愈加的痛苦。熊之湯的瀕臨破產反而促使我去思考經營的本質、火災的發生徹底喚醒我對心懷感謝的重要體認。換言之，失敗是讓人反省、學習與成長的機會！果眞全部的事物都是一體兩面呢！」

認清事物的兩面、對周圍的一切心懷感謝，所有的事情就會開始朝好的方向迴轉了。

旅館還是會遇到喜歡抱怨的客人，無論員工如何用心接待，對方總是像找碴是他來的目的似的雞蛋裡挑骨頭。

熊太郎在面對這種客人時，不再覺得惱怒。他認爲，抱怨這種反應除了討厭的一面之外，也有好的一面，從客人的抱怨裡可以發現一些自己沒注意到的問題。如果只看客人抱怨的表面反應，當然會有不悅的感覺；但如果從另一個角度來檢討抱怨的內容，或許這反而是一個改善的提示。

心存感謝、從事物的兩面來釐清事實，那麼就算在無理的抱怨裡，也可以發現值得思考的問題點，就此改善，使旅館的服務更精緻。所有事件的發生都是學習的機會。

然而，最根本的變化是，將自己從原有的思想枷鎖裡解放出來。

在商學院裡學過如何帶領團隊的熊太郎，原本以爲領導者本身必須有善於競爭的人格，因此對於沒有這種天分的自己感到失望。

然而自從把自己從競爭比較的思想中解放出來、又理解到要認清事物的兩面性，熊太郎學會了如何接納人事物原有的特質。

「大家能保持原來的自我就是很棒的一件事了！」

熊太郎打從心裡這麼認爲。

現在自己偶爾也會有憤怒的時候、忘了心懷感謝的時候，但不論是生氣的自己、還是忘了感恩的自己，只要能勇於面對眞實的自我，一定就能再有所成長。

這並不是要大家放縱自己、不力爭上游。

這個狀況是說，自己爲了能戰勝過去的自己而有所成長，但可能還無法做到百分之百。在成長的過程裡，我們要能坦然接受軟弱的自己、受挫折的自己。以將心比心的心情去包容犯錯的人。

熊太郎的表情也變了。不再有以前的嚴肅、不近人情，取而代之的是令人感到溫暖的和顏悅色。

現在的熊太郎眞的很幸福。

「好想把我所感受到的幸福與別人分享……」

熊太郎開始有了這樣的感覺。

以前的幸福感，是只要自己好就好的感覺。但那不是眞正的幸福。

熊太郎注意到，與別人分享而得到的幸福感遠比自己一個人享受的幸福感要來得強大。

眞正幸福的人會想與周圍的人分享幸福。

這種感情就是透過「愛」來表現的。

熊太郎說出「愛」這個字時，真有些難爲情。身爲一個理性的經營者卻要談論感性的愛，熊太郎著實有些抗拒。

然而，想與人分享滿溢的幸福感，以及打從心裡希望對方幸福的感覺，確實都是「愛」的表現。

熊太郎的一言一行開始充滿了愛的氛圍。

他衷心希望能把滿滿的幸福與他人分享。

看到如此幸福的熊太郎，員工也開始有改變了。大家開始想變成跟熊太郎一樣的幸福。

熊太郎的公司已不需要用人事評價來管理員工。熊太郎已成爲大家想追隨的典範，員工自動自發的想要改變自己。

再也沒有任何人是把取悅客人當作是獲利的手段。大家都是自然的、眞心的爲客人的幸福設想。

熊之湯的員工不再需要靠禮儀講座依樣畫葫蘆的服務客人，或者刻意的安排製造驚喜以取悅客人。現在員工們是自然而然的與客人分享幸福，使客人感受到溫暖的幸福感與身心放鬆的舒適感。

客人回塡的問卷調查裡也出現了令人欣慰的評語。

「接待員不做作的服務態度，我覺得很舒服！」

「有一種眞的是替客人著想的親切感！」

「旅館的人員看起來都很幸福的工作著，我也變得有幸福的感覺了！」

旅館的回客率更是三級跳，客人滿心歡喜的口耳相傳使得接下來的三個月預約滿滿。

「社長您是眞心爲客人的幸福著想嗎？」

現在的自己可以問心無愧的回答那天狐吉的問話。

自己的確曾經爲了自己的利益而利用客人，而當時的自己也不是眞的幸福。因此落得一個僞善的譏諷也是無可厚非。

然而現在的自己幸福滿滿，而且也不會想要利用客人，只想要自然的把自己的幸福與人分享。

正當熊太郎沉思時，一句「打擾了」打斷熊太郎的思緒。

原來是狐吉來了。

「是狐吉啊……怎麼了？」

剛好想到狐吉的熊太郎突然看到狐吉出現，有些嚇了一跳。

狐吉面露驚惶、吞吞吐吐的開口了。

「以前我……就是火災之前有一次開會……社長可能不記得了……」

狐吉停頓了一會兒，突然用力的低下頭、咕噥的說道。

「我之前對您說，你是僞善者……這眞的很失禮，我對您感到萬分抱歉……」

原來狐吉一直很在意自己說過的這句話。

熊太郎發現狐吉的心意，覺得很開心。

「當時我覺得社長是刻意的裝笑臉、要我們做一些不是眞心眞意的事，因此我無法認同社長說的話。

「但是現在，社長您眞的看起來很幸福，我對自己偏執的想法感到很羞恥……」

「狐吉……」

狐吉垂著眼皮、小聲的說道。

「如何才能像社長那樣，發光發亮呢？」

熊太郎幾乎要壓抑不住心裡湧現的感動。

那個總是語露不屑、態度冰冷的狐吉居然說想要變成像自己這樣。

用行動以身做則、取代空喊口號的熊太郎已著實獲得狐吉眞心誠意的尊敬。

「狐吉，謝謝你……」

熊太郎握住狐吉的手，將自己所感受到的意念傳達給狐吉。

我們光是能生存下去就是一件幸福的事、身邊的一切都是值得感謝的對象、從比較與競爭的枷鎖裡解放之後就能心存感謝的面對發生的一切、所有的事物都有兩面、心懷感謝就能看到事物不同的面向、與人分享自己的幸福就會變得更幸福、希望他人幸福的心情就是愛的表現。

熊太郎發現自己毫不猶豫的說出這番抽象的體驗後，覺得有些難爲情。同時他又對自然說出這番話的自己感到驚喜。這些話並不是從書上看到的，而是熊太郎歷經苦惱與反省後發自眞心的體認，字字句句都充滿了熊太郎自身的意念。

這樣抽象的言談或許無法得到迴響，但熊太郎以自身的幸福證明了抽象意念的實用性，狐吉就是感受到熊太郎的幸福氛圍，才認眞向熊太郎請教。

「我也能變成像社長您這樣嗎？」

「當然可以。我並不是有什麼特殊能力，我只是心中有愛、心存感謝的眞誠待人、努力過活罷了。」

熊太郎再度握了狐吉的手，狐吉也緊緊的握住熊太郎的手……

還有一件事，熊太郎一直有些在意。

以前進行腦力激盪時，對於大家所提出的構思似乎沒有一個選擇的基準。

熊太郎當時以爲這是因爲沒有確立一個統一性的緣故。

於是熊太郎毅然決然的休館一天，將全體員工集合起來，花了一天的時間討論旅館經營的本質問題。

大家到底想做些什麼、只有我們才做得到的事是什麼？我們是為了什麼而生存的？我們的定位在哪裡？這次並不是單純的構思提議的腦力激盪，而是探討深層自我的心靈啓發課題。

在一整天的認眞討論之後，與會員工彼此之間似乎有更深一層的認識。

我們意識到，提供溫泉度假服務並非是我們的最終目的，透過溫泉度假服務使客人獲得幸福才是我們的目的。打敗其他競爭業者、成為業界頂尖旅館都不是我們的目的，我們想做的事其實是，感謝與珍惜周圍的一切、使客人感到幸福。

從那之後，所有的員工都是眞正理解了熊之湯存在的意義了。

熊之湯並不只是間溫泉度假旅館。我們清楚意識到，熊之湯是建立在「與大自然融合為一體、品嘗大自然恩惠的溫泉浴」的概念上，這就是熊之湯度假旅館的獨創價值。

同時，我們也確立了以愛為根基的統一性，至此，熊之湯的服務更形精緻、周全。

服務並不是一貫模式的作業，也不是都能事先做好準備工夫的。服務最能深得人心的是，本於自身的價值觀、根據當時的狀況，自然的、認真的為客人做出最適切的處理方式。

也唯有如此，才會產生這麼多賺人熱淚的小故事。

為了讓坐輪椅的客人能感受到大自然，員工會事先將花園步道整頓好；在客人外出時，員工會暗中尾隨以確保客人的安全，同時又不讓客人覺得被打擾。

某位女客人在無意中說出自己的丈夫剛剛過世，於是廚師特別為女客人做了夫婦當時一起享用的膳食，服務員也陪著客人說話、在中庭看星星直到夜深。

有個來度假的家庭，父親與兒子對待彼此的態度明顯的尷尬、生疏。於是，裝做毫不知情的接待員熱心帶他們參與親子互動機會良多的活動。當他們來退房時，父子兩人互動熱絡、談笑自然。

以上這些服務全都不是按照手冊或上司的指示才做的，而是員工們發自內心的體貼舉動。

全體員工都樂於分享這樣動人的小故事，公司內的氛圍變得明朗溫暖，員工之間自然發展成彼此支援、互相信賴的伙伴關係。

更令人感到驚奇的是，當我們變得總是心存感謝、想與人分享幸福、對利益的執著心消失時，利益竟反而自動的增加。

也就是說，當我們不再執著於眼前的利益、以一顆充滿愛與感謝的心爲使客人幸福而努力時，利益自然就會增加了。

接著，熊太郎爲了適當的管理利益，導入了商學院所教授的經營管理手法。

當初他剛接管公司時就導入了商學院的做法，結果引起了大混亂。然而這次的導入卻發揮了驚人的效果，達成有效的利益管理。

這個部門該有多少的費用與利益？是否有不必要的支出？價格定位適當嗎？客人是否有感受到該有的價值？社員的優點是否有發揮的機會？諸如此類的考量，熊太郎都站在基於愛與感謝的價值創造觀點做適當的掌握。

營業情報也是對全體員工開放、廢除組織階級制而將權限交給能掌控現場的人。被上司信任的員工更能發揮優點、貢獻自己。

「在商學院所學的東西並非派不上用場的……」

熊太郎在剛接任社長時立即導入學校所教授的方式，結果招致慘痛的失敗。

然而，就在熊太郎確立了以愛與感謝爲客人帶來幸福而獲得利益的商業模式後，商學院的做法反而能達成有效的運作。

熊之湯旅館的營收也因此而順利穩健的成長。

從那之後，不可思議的事接二連三的發生了，而且都是對旅館的生意有正面幫助的事件。

在熊太郎打算要擴建旅館時，有位相當有名氣的建築設計師自動獻上設計提案；在熊太郎考慮要增設有機膳食餐廳時，有人主動引薦了聲譽極高的名廚；熊太郎突然想拜見某位重要人物，居然兩人偶然相遇。

諸如此類的事相繼發生，如有神助。

「好像有什麼神奇的力量在幫我，難道一切都是天意嗎……」

熊太郎覺得似乎有種無法說明的神奇力量眷顧著自己。

「眞是不可思議的感覺……。當腦袋裡有自己想要如何的念頭時，其實自己一點也不自由。唯有讓自己遠離想與人競爭的想法、對一切心懷感謝、以愛來面對工作，才能得到大家的支持、使自己變得更自由。」

熊太郎以前從來沒想過支持力的重要性。然而感受到周圍的支持力而活著的自己卻是如此的自由自在。

熊太郎並沒有特定的宗教信仰，對於靈世界的存在也是抱持著否定的印象。他認爲很多人是因爲想逃避現實世界所以才相信靈世界的存在。

然而現在發生在自己身上的現象，彷彿不是靠自己的力量完成的。熊太郎忍不住認爲我們與浩大的宇宙之間存在著神祕的關聯性。

半年後，熊之湯旅館增蓋了新的溫泉設施。

花草樹木圍繞、夕陽餘暉環伺、與大自然融和爲一體的溫泉池誕生了。

「眞的很感謝大家。多虧有大家的努力，新的溫泉才能順利開幕。」

被員工們圍繞的熊太郎感受到無法言喻的幸福感。豬太與狐吉都以溫柔的眼神看著熊太郎。

「大家把社長抬起來！」

狐吉興奮的呼喊著。

開心的員工們衝上前把熊太郎往上抬，熊太郎的身體在空中轉了二、三次。

這是熊太郎第一次嘗試到被簇擁哄抬的滋味。

「輪到豬太了！」

「我？」

大家圍到豬太身旁，熊太郎也加入陣營。

豬太小小的身軀在空中翻轉著，臉上掛著比往常更大的笑容。

歡呼過後，員工開心的聊起天來，熊太郎退離了人群幾步，閉上眼睛深呼吸。

「爲什麼我現在可以如此幸福？每天都有美妙的事發生。心懷感謝與愛不但使工作順利、更有許多意想不到的驚喜！」

熊太郎沉浸在深深的感動裡。

「爲什麼有這麼多美妙的事發生？彷彿宇宙中有位主宰似的、冥冥中自有天意。

「這大概是用科學無法解釋的吧……」

「源源不絕流出的溫泉就是地球活著的證據。雖然不能確定是否有上帝的存在，但一定有股偉大的力量創造了地球、賦予我們生命力。地球與宇宙都彷彿充滿了愛的能量。」

熊太郎眼眶濕潤、感動不已。

「對了，一定是這樣的，其實宇宙本身就是愛的來源。世界上雖然有很多無法解釋的事，但宇宙賦予我們生存的空間，這就是件值得感恩的事。圍繞我們的宇宙與大自然本身就是愛的來源，因此我們只要心懷感謝與愛，就能事事順利、開心度日。」

以前的熊太郎根本無法接受「宇宙本身就是愛」這樣的抽象言論，但現在，他卻自然而然的以愛與感謝爲出發點來思考身邊的一切人事物。

「不論是工作或人生，或許都是原本都是很單純的。」

熊太郎以前想得太複雜了，以至於認爲必須要擁有高難度的技術或知識才能做好工作、過更好的生活。然而事實卻不然。

其實只要能心懷感謝與愛、認眞工作與生活，就能開心、順心。

「社長，請不要沉浸在你自己的世界裡，丟下我們不管啦！」

狐吉戲謔的聲音把熊太郎從沉思裡喚了回來。

「狐吉，你還是一樣嘴巴這麼壞！」

熊太郎嘴裡雖然輕斥著，但心裡可是感受到狐吉言語裡透露的愛。

在熊太郎沉思時，員工早已把熊太郎圍了起來，大家臉上都帶著幸福的笑容。

熊太郎深深感受到來自員工心裡的愛、大自然、溫泉的愛，愛將所有的事物融合為一體。因此只要心中有愛與感謝，就能與大自然融合。這種不可思議的感覺在熊太郎體內奔馳著。

「一切都是愛……一切都相牽連著……」

熊太郎想把這種感覺說出來，但又怕難為情、無法表達得很好，他猶豫不決地看著周圍。此時，剛剛被抬起來歡呼而臉頰通紅的豬太開口了。

「我……我喜歡大家！也喜歡客人！你們對我來說，都是重要的、無可替代的家人。我能待在熊之湯與大家一起工作，眞的好幸福。所以，我希望大家都能幸福、永遠幸福！」

「豬太……」

豬太簡直說出了熊太郎的心聲。

對，就是這個希望大家都幸福的心情，這眞的是很單純的事。使大家幸福的同時，自己也會幸福、公司也能獲得利益，這就是工作的眞正意義。

「眞的很感謝大家……」

熊太郎抬頭望著天空，喃喃自語著。

「我感覺到以後大家會更幸福，會有更多美好的事發生……。明天也會是快樂的一天！」

輕柔的風溫和的包圍著熊太郎……

後記

本書的主人翁——熊太郎在繼承父親經營的度假旅館後，隨即面臨公司倒閉的危機，但他回到原點的思考使自己領悟到重要的眞理，在身體力行後不但業績改善、旅館的員工與客人都感受到無限的溫暖與幸福。

在現實世界裡，很多企業都是處於熊之湯度假旅館以前的經營狀態。

我因爲工作的關係，常常替企業經營者做經營諮詢，很多經營者常常爲了資金調度而來回奔走。特別是深受公共經費削減、少子、高齡化等社會變遷影響的地方企業更是面臨嚴重的經營困境。

其實，陷入經營困難的不只是地方企業。

一些表面看起來業績成長的優良企業，也因爲受到股東要求短期間提高獲利率的壓力，不斷發生員工病倒或罹患憂鬱症、以狡猾手段獲取高報酬但心靈貧瘠不幸福等悲涼事態。

身處金融機構的我強烈感受到獲利卻不幸福的矛盾現象。

很多人也察覺到這根本上的矛盾點，就如同故事裡熊太郎所感到的困惑，大家愈是追求利益、卻愈是感受不到幸福。

很多人已經忘了問題的根本其實是在於「利益與本源價值的創造是對價關係」的眞理。

所謂的本源價值是在於使客人幸福、使世界美好。

換句話說，企業利益與客人的幸福是對價關係。

企業替客人創造幸福，而客人給予所得到之幸福的對價報酬，於是世界上全體的幸福量增加、企業也因此而獲利。不只是公司獲利，員工也因客人的感謝而感受到幸福的滋味。

這才是企業活動原本的樣貌，也是資本主義市場經濟應有的形態。

然而現實社會裡，很多企業並未產生應有的本源價值，而是以欺騙客人、奪取他人利益的手段賴以生存。因此，他們所產生的利益只是一時的，終究還是得將利益返還給應得的他人。

要使企業能持續獲利的唯一途徑就是，發揮自己的優點，創造屬於自己的本源價值。也就是以自己的方式使客人幸福、使世界美好。

然而本源價值的創造並不是耍耍嘴皮子就能做到的。

如果是爲了獲利而刻意的要使客人幸福，那麼客人很容易就能察覺那份虛僞。

因此最重要的是要使自己先有幸福的感覺。

活著呼吸、滿足食衣住等基本要求、找到工作等日常生活的平凡瑣事，都是值得感謝的對象。

我們人類容易有追求遠方夢想的傾向，但其實我們身邊已經有很多人事物，足夠讓你嘗到幸福的感受。我們要做的是，心懷感謝、發掘自己身邊的幸福。

心懷感謝、感受到幸福的人自然就能使他人幸福。這並非是爲一己之利而取悅他人。這份發自內心的感念、自然而然地希望他人幸福的心意正是創造本源價值的動力，企業也因此得到利益。

儘管我們明白感謝與幸福的關係，但我們卻很容易忘了感謝的心。我們常爲了與他人競爭而忘了要心懷感謝。當我們與他人做比較時，如果認爲自己處於劣位，就會產生悲慘的情緒，或者產生想戰勝他人的念頭，因而不再有一顆寬裕感恩的心。

因此我們應該做的，並非是與他人比較，而是要戰勝以往的自己、使自己成長。如此一來我們就能放寬心胸、對任何事都會心懷感謝。

另一方面，任何事物都是一體兩面的。如果從別的角度來觀察，無論多麼悲慘的事都可以是一個值得學習的機會。

只要是人，都一定會有優點、也有缺點。然而優、缺點並非是絕對的，由不同角度來思考的話，缺點也能變成優點。

對身邊一切心懷感謝，就能看到人事物美好的一面。

將對身邊的一切心懷感謝而來的幸福感，與周圍的人分享就是一種愛的表現。

愛惜自己、希望身邊的人幸福的心願與愛的力量，正是豐富人生、工作有成的能量泉源。

正如同熊太郎發覺了宇宙是愛的泉源，以愛與感謝面對生活，就會發生超越人類知識所能理解的不可思議、美妙的偶然，甚至是奇蹟。心懷愛與感謝，就有看不見的力量守護自己，自然而然就能有順利、開心的每一天。

換句話說，人生最重要的就是「愛與感謝」。

眞理就是如此的單純。

本書所觸及的基本經營思考方式，在我另一本拙著《創造價值的會計》裡有詳細的說明。

我執筆寫這本書的動機是來自於我的工作體驗與感想。我在任職的金融機構裡看到很多人、包括我自身都是沒日沒夜的拚命工作，但幸福卻離我們愈來愈遠。

即使能坐擁高薪，但如果這些利益是犧牲別人，甚至是奪取別人幸福而來的，那麼就算能擁有豐富無缺的物質生活也無法享有眞正的幸福。於是不幸福的人又爲了滿足空虛的心靈而更執著於物質的追求，使得感謝與幸福的感受度愈發的遲鈍，因此就把幸福愈推愈遠了。

爲了追究這個惡性循環的根本原因，我把所發覺的想法與道理編織在故事裡完成這本書。

當我意識到用分享取代奪取的方式獲得利益、陰陽法則、心懷愛與感謝等宇宙眞理時，我的人生觀改變了。之後的我就算身處於汲汲營利的金融機構，我也能以穩健坦然的心面對工作、怡然自得的過生活。

《讓人幸福的旅店》傳達了我用心領悟的重要眞理——很多人把企業或工作的目的物質化了，其實唯有心懷感謝與愛來面對工作，才能使自己幸福、使身邊的人幸福。

我衷心期望大家都能體會使世界更美好的眞理，走上幸福的人生道路。

最後我由衷感謝曾經指導我度假旅館的經營手法、重建過程等的前輩們，星野株式會社星野度假旅館代表取締役兼社長的星野佳路先生、久米纖維工業株式會社代表取締役兼社長的久米信行先生、前進企畫中心(Antre Planner Center)代表取締役兼社長的福島正伸先生，還有曾經給我寶貝意見的趨勢專家株式會社代表取締役兼社長的岡崎先生、公認會計師的山田眞哉先生、望月實先生等出版關係者研究社的各位，以及在我寫書時曾多次大力協助的日本實業出版社的大西啓之先生、前川健輔先生。

對身爲本書作者的我來說，最大的榮幸與心願就是能有更多的人發覺到愛與感謝的重要性，得到幸福人生。

二〇〇八年八月

國家圖書館出版品預行編目資料

讓人幸福的旅店：走出工作困境的心法／天野敦之著；張欣綺譯.一第一版.一台北市：樂果文化，2009.12

面；　公分. ——（樂成長；001）

ISBN 978-986-85508-4-1(平裝)

1. 職場成功法 2.人生哲學

494.35　　98020714

樂成長 001

讓人幸福的旅店

走出工作困境的心法

作　　者／天野敦之
譯　　者／張欣綺
行銷企劃／蔡澤玉
封面設計／蕭雅慧
內頁設計／陳健美
總 編 輯／曾敏英

出　　版／樂果文化事業有限公司
社　　址／台北市 105 民權東路三段 144 號 223室
讀者服務專線：（02）2545-3977
傳眞：（02）2545-7773
直接郵撥帳號／50118837 號　樂果文化事業有限公司
印　　刷／卡樂彩色製版印刷有限公司
總 經 銷／紅螞蟻圖書有限公司
地址：台北市內湖區舊宗二路 121巷28・32 號 4樓
電話：（02）27953656
傳眞：（02）27954100

2009年 12月第一版　**定價／280 元**　ISBN 978-986-85508-4-1
※本書如有缺頁、破損、裝訂錯誤，請寄回本公司調換

KIMI O SHIAWASE NI SURU KAISHA written by Atsushi Amano

First published in Japan by Nippon Jitsugyo Publishing,Tokyo.
This Translation Chinese edition published by arrangement with Nippon Jitsugyo Publishing,Tokyo in care of Tuttle-Mori Agency,Inc., Tokyo through Bardon-Chinese Media Agency, Taipei.

郵
票

105 台北市民權東路三段144號223室

樂果文化事業股份有限公司
讀者服務部 收

▼

請沿虛線對折，裝訂好寄回，謝謝！

樂果
文化

樂經營⊙樂生活⊙樂故事⊙樂成長

樂果文化讀者意見卡

◎感謝您購買＿＿＿＿＿＿＿＿＿＿＿＿＿＿＿＿〈請填寫書名〉
為了給您更多的讀書樂趣，請費心填妥以下資料郵遞，即可成為樂果文化的貴賓。

姓名：＿＿＿＿＿＿＿＿ □男 □女
出生日期：＿＿年＿＿月＿＿日 E-mail：＿＿＿＿＿＿＿＿
電話：（O）＿＿＿＿＿＿（H）＿＿＿＿＿＿ 傳真：＿＿＿＿＿＿
地址：＿＿＿＿＿＿＿＿＿＿＿＿＿＿＿＿
學歷：□國中（含以下） □高中/職 □大學/專 □研究所以上
職業：□學生 □生產/製造 □金融/商業 □傳播/廣告 □公務/軍人
□教育/文化 □旅遊/運輸 □醫療/保健 □仲介/服務 □自由/家管

◆您如何購得本書：□郵購 □書店＿＿＿＿縣（市）＿＿＿＿＿書店
□業務員推銷 □其他＿＿＿＿＿＿＿＿

◆您如何知道本書：□書店 □電子報 □廣告DM □媒體 □親友介紹
□業務員推薦 □其他＿＿＿＿＿＿＿＿

◆您通常以何種方式購書（可複選）：□逛書店 □郵購 □信用卡傳真
□網路 □其他＿＿＿＿＿＿＿＿

◆您對於本書評價（請填代號：1.非常滿意 2.滿意 3.尚可 4.待改進）：
□定價 □內容 □版面編排 □印刷 □整體評價

◆您喜歡的圖書：□百科 □藝術 □文學 □宗教哲學 □休閒旅遊
□歷史 □傳記 □社會科學 □自然科學 □民俗采風
□建築 □生活品味 □戲劇、舞蹈 □其他＿＿＿＿＿＿

◆您對本書或本公司的建議：＿＿＿＿＿＿＿＿＿＿＿＿＿＿＿＿

＿＿＿＿＿＿＿＿＿＿＿＿＿＿＿＿＿＿＿＿＿＿＿＿

＿＿＿＿＿＿＿＿＿＿＿＿＿＿＿＿＿＿＿＿＿＿＿＿